物联网科技类图书

物联网 RFID 技术

——批量识别、防碰撞及应用

王祖良 张 婷 著

西安电子科技大学出版社

内 容 简 介

　　本书针对物联网射频识别关键技术——标签防碰撞方法进行了深入讨论，在介绍射频识别技术系统组成、射频识别技术防碰撞方法的基础上，提出了基于非线性估计的标签防碰撞方法和基于弦截迭代的标签防碰撞方法，最后给出了 RFID 在多个领域的应用案例。本书采用由面到线到点、由浅入深的思路，循序渐进地引导读者进行学习。

　　本书可作为高等院校计算机、电子和物联网相关专业研究生的教材，也可作为物联网射频识别领域研究人员和相关工程技术人员的参考用书。

图书在版编目(CIP)数据

　　物联网 RFID 技术：批量识别、防碰撞及应用 / 王祖良，张婷著. —西安：西安电子科技大学出版社，2021.1
　　ISBN 978 - 7 - 5606 - 5962 - 6

　　Ⅰ. ①物…　Ⅱ. ①王…　②张…　Ⅲ. ①无线电信号—射频—信号识别
　　Ⅳ. ①TN911.23

　　中国版本图书馆 CIP 数据核字(2020)第 265510 号

策划编辑　李惠萍
责任编辑　王　静　李惠萍
出版发行　西安电子科技大学出版社(西安市太白南路 2 号)
电　　话　(029)88242885　88201467　邮　　编　710071
网　　址　www.xduph.com　电子邮箱　xdupfxb001@163.com
经　　销　新华书店
印刷单位　陕西天意印务有限责任公司
版　　次　2021 年 1 月第 1 版　2021 年 1 月第 1 次印刷
开　　本　787 毫米×1092 毫米　1/16　印张 8.5
字　　数　193 千字
印　　数　1～2000 册
定　　价　24.00 元
ISBN 978 - 7 - 5606 - 5962 - 6/TN
XDUP 6264001 - 1

前　言

　　物联网技术是居于信息技术领域前沿，具有广阔应用前景的新一代信息技术。随着工业4.0、互联网＋等新理念、新技术的发展，物联网的外延和内涵也在不断地演进和发展，并呈螺旋式上升趋势。作为物联网的核心技术，射频识别(Radio Frequency Identification, RFID)在新一代信息技术中的角色也从早期标识识别的支撑技术逐步发展转型为无源感知的代表性技术。利用射频识别技术可以将"智能"嵌入到每一个物理对象中，提供一种低成本的通信方式，以实现物理节点之间的有效沟通，让最简单的物理对象也能够被自动识别和智能感知。其在智能交通、智能物流、智能生产线管理、食品溯源、智慧血液管理等领域有着广阔的应用前景，并且正在大规模推广应用。在这些应用中，一个显著的特点就是标签数量变化范围大、要求在移动中快速准确地批量识别标签。

　　出于对电子标签成本控制以及标签长时间不间断工作需求的考虑，目前在各领域普遍采用无源被动式电子标签。被动式电子标签之间没有通信链路，当阅读器发出识别指令后，标签之间不具有协作机制，有可能出现多个标签同时向阅读器响应的情况，引发标签信号碰撞(简称标签碰撞)，导致信息回传失败。标签碰撞是影响标签批量识别性能的关键因素，降低了系统识别效率，导致目标移动环境中的标签漏读。标签防碰撞方法是RFID系统的关键核心技术之一，在学术界和工业界均得到了广泛的关注。经过学者广泛而深入的研究，在标签防碰撞算法方面已取得了大量的研究成果。为满足RFID技术在目标移动和标签数量大动态变化环境中批量、快速、无遗漏识别的需要，在介绍射频识别技术系统组成、射频识别技术防碰撞方法的基础上，本书创造性地提出了基于非线性估计的标签防碰撞方法和基于弦截迭代的标签防碰撞方法。理论分析和仿真实验表明，本书所提出的方法具有标签估计精度高、算法迭代次数少、适用于大规模批量识别标签应用环境等优点。本书最后一章给出了RFID在猕猴桃提质增效、农产品溯源等多个领域的应用案例。

　　本书各章节按照知识逻辑递进展开，便于读者建立完备的知识体系。具体篇章结构和逻辑递进关系分析如下：

　　第一章为绪论，首先简要介绍了物联网与RFID技术的关系，引出RFID技术在物联网中的地位；然后简要介绍了自动识别技术、RFID技术及特点、标签批量识别关键技术等。其中标签批量识别引起的信号碰撞作为RFID核心关键问题，是普遍存在而又必须要解决的问题，是本书的重点内容。为便于零基础的读者阅读本书，第2章对RFID系统的基本组成、工作原理、RFID底层通信方式等进行了简要介绍，还特别介绍了EPC_Global和ISO-18000标准，这两个标准作为目前最为主流的技术标准，对理解RFID技术概况和工程应用具有重要的作用。第3章在对RFID防碰撞技术进行综述性介绍的基础上，重点介绍了全球范围内该领域经典研究成果和最新创新内容。第4章和第5章是本书提出的创造性研究成果。其中第4章介绍了基于非线性估计的标签防碰撞方法，给出了基本定义、命令定义、基本处理流程、初始标签数估计方法等，并通过仿真实验对所提方法进行验证。第5章介绍了基于弦截迭代的标签防碰撞方法，给出了算法模型、处理流程、基于弦截迭代的标签数估计等，并通过仿真实验对所提出的方法进行验证。第 6 章介绍了 RFID 在多领域的应用实例，包括 10 种应用场景的方案设计，将理论知识与实际应用高度结合。

本书以陕西省重点研发计划重点项目（项目编号：2018ZDXM－NY－014）为依托。该重点项目运用射频识别技术研发并实施猕猴桃全产业链智能感知系统，建立了基于物联网的农情信息协同感知与智能化数据处理平台。

本书由西京学院物联网与大数据技术研究中心王祖良教授、张婷讲师著，王祖良教授负责全书结构的设计以及第 1～5 章的撰写，张婷负责第 6 章的撰写，西京学院研究生曹闯东协助完成第 3 章的撰写，西京学院研究生于洪涛、王少飞、李臣辉和西北大学本科生王羽凡等为本书撰写提供了协助和支持。

编　者

2020.10

目　　录

第 *1* 章
绪论

1.1　物联网与 RFID

1.1.1　物联网

物联网是在互联网的基础上，将用户端延伸和扩展到任何物体，使物体之间能够进行信息交换和通信的一种网络。物联网的英文名称为 the Internet Of Things(IOT)。由该名称可见，物联网就是"物与物相连的互联网"。

物联网是通过射频识别(RFID)、传感器、全球定位系统、激光扫描器等信息传感设备，按照约定的协议，把任何物体与互联网连接起来，进行信息交换和通信，以实现智能化识别、定位、跟踪、监控和管理的一种网络。

物联网被称为继计算机、互联网之后世界信息产业的第三次浪潮。物联网可以实现全球范围内物品的跟踪与信息的共享，从而给物体赋予智能，实现人与物体、物体与物体之间的沟通和对话。在物联网时代，人类在信息与通信的世界里将获得一个新的沟通维度，从任何时间、任何地点人与人之间的沟通和连接，扩展到人与物、物与物之间的沟通和连接。

1.1.2　EPC 与物联网

物联网是互联网的扩展，将互联网时代人与人之间的联络扩展到人与物、物与物之间的联络，终极目标是实现任何物体与其他任何物体之间能够在任何时间、任何地点进行通信。物与物之间的互联是物联网的重要特征，只有实现了物与物之间的普遍连接，才能够实现对任何物体的识别、定位和控制，而识别是定位和控制的基础。利用 RFID 技术实现对物体的标识，从而实现无源被动感知，即为物体的标签化。物体的标签化是物联网的重要概念和基础知识，也是关键技术之一。20 世纪 70 年代，商品条形码的出现引发了商业的第一次革命。当今，基于 RFID 技术的电子商品编码(Electronic Product Code，EPC)新技术给商品的识别、存储、流动和销售等各个环节带来了巨大的变革，也使物体联网的产生成为可能。

1999 年，美国麻省理工学院（Massachusetts Institute of Technology，MIT）首先提出了物联网的概念。MIT 最初的构想是为全球所有物品都提供一个电子产品编码，来实现对全球任何物理对象的唯一有效标识。物联网最初的思想来源于 MIT 的这一构想，MIT 的这一构想就是现在经常提到的物联网 EPC 系统。

EPC 统一了全球对物品的编码方法，可以编码至单个物品。EPC 规定了将此编码以数字信息的形式存储并附着在商品上的应答器（在 EPC 中常称为标签）中。阅读器通过无线空中接口读取标签中的 EPC，并经过计算机网络传送至信息控制中心，进行相应的数据处理、存储、显示和交互。

EPC 系统由应答器、阅读器、中间件服务器、对象名称解析服务器和 EPC 信息服务器以及它们之间的网络组成，如图 1-1 所示。

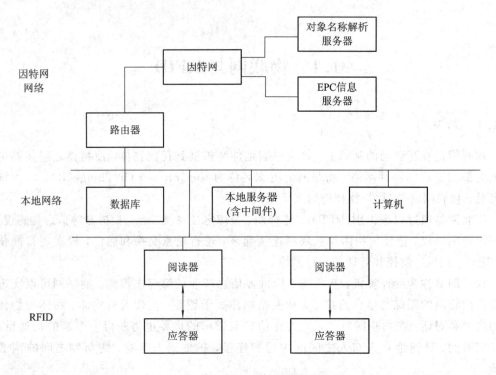

图 1-1 EPC 体系结构图

应答器装载有 EPC，作为标签附着在物品上。阅读器读写 EPC 标签，并能连接到本地网络中。中间件是连接阅读器和服务器的软件，是物联网的核心技术。对象名称解析服务器的作用类似于因特网中的域名解析服务器的作用，它给中间件指明了存储产品有关信息的服务器，即 EPC 信息服务器。采用 EPC 方法，可以识别单个物品。

EPC 系统具有开放的体系结构，可以将企业的内联网、RFID 和因特网有机地结合起来，既避免了系统的复杂性，又提高了资源的利用率。EPC 系统是一个着眼于全球的系统，规范和标准众多，目前还不统一。同时 EPC 还是一个大系统，需要较多的成本投入，对于低价值的识别对象，必须考虑引入成本。但随着 EPC 系统技术的进步和价格的降低，低价值识别对象进入系统将成为现实。EPC 系统利用射频识别技术追踪、管理物品。2003 年，世界上最大的连锁超市——美国的沃尔玛宣布使用 EPC 系统的 RFID 技术。

1.1.3　物联网与 RFID 之间的关系

RFID 是实现物联网的关键技术，RFID 技术与互联网、移动通信等技术相结合，可以实现全球范围内物体的跟踪与信息的共享，从而给物体赋予智能，实现人与物体以及物体与物体之间的沟通和对话，最终构成连通万事万物的物联网。

RFID 技术将物联网的触角伸到了物体之上。互联网时代，人与人之间的距离变小了；而继互联网之后的物联网时代，RFID 技术将人与物、物与物之间的距离也变小了。

1.2　自动识别技术

传统的信息采集是通过人工录入的方式，不仅劳动强度大，而且数据误码率高。以计算机和通信技术为基础的自动识别技术，可以对信息进行自动识别，使人类得以对大量数据信息进行及时、准确的处理。

自动识别技术（Automatic Identification and Data Capture）是物联网体系的重要组成部分，也是构造全球物品信息实时共享的重要组成部分。可以说，自动识别技术是物联网的基石。

1.2.1　自动识别技术基本概念

在现实生活中，各种各样的活动或者事件都会产生这样或者那样的数据，这些数据包括人的、物质的、财务的，也包括采购的、生产的和销售的，这些数据的采集与分析对于生产或者生活决策来讲十分重要。如果没有这些实际工况的数据支撑，生产和决策将成为一句空话，将缺乏现实基础。

传统的信息识别和管理多采用以单据、凭证、传票为载体，手工记录、电话沟通、人工计算、邮寄或传真等方法，对物流信息进行采集和处理。随着人类社会步入信息时代，人们所获取和处理的信息量不断加大。

自动识别技术是一种高度自动化的信息或数据采集技术，是利用识别装置，通过被识别物品和识别装置之间的接近活动，自动地获取被识别物品的相关信息，并提供给后台的计算机处理系统来完成相关后续处理的一种技术。

自动识别技术将计算机、光、电、通信和网络技术融为一体，与互联网、移动通信等技术相结合，实现全球范围内物品的跟踪与信息的共享，从而给物体赋予智能，实现人与物体以及物体与物体之间的沟通和对话。

1.2.2　自动识别技术分类

自动识别技术可以分为条码识别技术、磁卡识别技术、IC 卡识别技术和射频识别技术等。其中，条码是光识别技术，磁卡是磁识别技术，IC 卡是电识别技术，射频识别是无线识别技术。此外，还有生物识别技术、图像识别技术和光学字符识别技术等。

1. 条码识别技术

条码由一组按一定编码规则排列的条、空和数字符号组成，用以表示一定的字符、数字及符号等信息，如图 1-2 所示。

图 1-2 条码

条码识别是对红外光或可见光进行识别，由扫描器发出的红外光或可见光照射条码标记，深色的"条"吸收光，浅色的"空"将光反射回扫描器，扫描器将光反射信号转换成电子脉冲，再由译码器将电子脉冲转换成数据，最后传至后台。

2. 磁卡识别技术

磁卡最早出现在 20 世纪 60 年代，当时伦敦交通局将地铁票背面全涂上磁介质（磁条），用来储值。

磁条从本质意义上讲和计算机用的磁带或磁盘是一样的，它可以用来记载字母、字符及数字信息。磁条记录信息的方法是变化磁的极性（如 S-N 和 N-S），一部解码器可以识读到磁性变换，并将它们转换为字母或数字的形式，以便交由计算机来处理。

磁卡的特点是数据可读写，即具有现场改变数据的能力。这个优点使得磁卡的应用领域十分广泛，如信用卡、银行 ATM 卡、电话磁卡和机票等。

磁卡存储数据的时间长短受磁性粒子极性耐久性的限制，另外，磁卡存储数据的安全性一般较低。

3. IC 卡识别技术

IC 卡是一种电子式数据自动识别卡。按照是否带有微处理器，IC 卡可分为存储卡和智能卡两种。存储卡仅包含存储芯片而无微处理器，一般的电话 IC 卡即属于此类。将带有内存和微处理器芯片的大规模集成电路嵌入到塑料基片中，就制成了智能卡。银行的 IC 卡通常是指智能卡，现在我国开始推广银行 IC 卡。

IC 卡通过卡里的集成电路存储信息。它将一个微电子芯片嵌入到卡基中，做成卡片形式，通过卡片表面 8 个金属触点与阅读器进行物理连接，来完成通信和数据交换。

4. 射频识别技术

射频识别技术是通过无线电波进行数据传递的自动识别技术。射频识别技术现在已逐渐成为自动识别领域中最优秀和应用最广泛的技术之一，是最重要的自动识别技术。射频识别技术主要由中间件、阅读器和电子标签组成。根据目标物体的需要，电子标签可以做成不同形状，粘贴或者嵌入到目标物体表面或内部，使得本不具备通信功能的物体能够收发信息，实现"被动智能"。

1.3　RFID 的特点

RFID 具有以下特点：

（1）在扫描识别方面，RFID 具有识别更准确、识别距离更为灵活的优势。RFID 可以识别单个具体的事物，在识别过程中可以穿透障碍物，实现无障碍阅读。

（2）在数据存储方面，RFID 相对于其他识别技术，例如条码识别技术，识别容量得到了显著提高，其最大容量达到了数兆字节。

（3）在抵制恶劣环境方面，RFID 标签的抗污染能力强，甚至对于化学物质也具有很好的抵制性，这是因为 RFID 标签将数据存放在芯片里，能够得到很好的保护。

（4）在耐久性方面，RFID 标签的使用次数没有上限，对芯片中的数据进行增减、修改等操作不会受到限制，这有利于信息的快速更新。

（5）在外观和体积方面，RFID 标签读取过程完全不会受到形状和大小的影响，当用于不同的产品时，能够变得小巧和多样，可以依照目标物体的形状设计，可以贴在物体表面也可以嵌入物体内部。

（6）在数据安全方面，RFID 标签通过电子电路存储数据信息，外界要想获取数据就需要密码，所以存入的数据能够受到很好的保护。

（7）在批量标签识别方面，RFID 技术可以对大量标签进行批量识别，大大提高了物体识别速度和便捷性。

1.4　标签批量识别关键技术

RFID 技术最为显著的特征之一即可以同时批量识别多个标签。当阅读器覆盖范围内有多个标签时，阅读器向所有标签发出识别指令，收到识别指令的标签按一定规则响应阅读器。由于标签之间缺乏协作机制，如果同时有多个标签响应阅读器，则必然导致信号相互干扰，阅读器无法正确接收标签信息，该现象称为标签碰撞。需要通过标签防碰撞方法来避免这种碰撞对阅读器识别的影响，标签防碰撞方法是本书研究中的重点内容和关键技术。

1.5　RFID 的发展

RFID 技术从诞生至今大致经历了三个阶段。

1. 第一阶段：诞生阶段

RFID 的诞生源于战争的需要，第二次世界大战期间，英国空军首先在飞机上使用了RFID 技术，用来分辨敌方飞机和我方飞机。

2. 第二阶段：推广阶段

（1）20 世纪 60 年代是 RFID 技术应用的初始期，一些公司引入 RFID 技术，开发电子监控设备来保护财产、防止偷盗。例如 1 位的电子标签系统用于商场防盗。

（2）20 世纪 70 年代是 RFID 技术应用的发展期，RFID 技术成为人们研究的热门课题，出现了一系列 RFID 技术的研究成果。

（3）20 世纪 80 年代是 RFID 技术应用的成熟期，挪威使用了 RFID 电子收费系统，美国铁路用 RFID 系统识别车辆，欧洲用 RFID 电子标签跟踪野生动物来对其进行研究。

（4）20 世纪 90 年代 RFID 技术首先在美国的公路自动收费系统中得到了广泛应用。此后，发达国家配置了大量的 RFID 电子收费系统，并将 RFID 用于安全和控制系统。

3. 第三阶段：普及阶段

（1）RFID 技术在沃尔玛公司的应用。沃尔玛的 100 个主要供应商于 2005 年应用了 RFID 电子标签，在 2006 年其他的供应商也开始应用。

（2）RFID 技术在美国国防部的应用。美国国防部认为，RFID 技术在集装箱联运跟踪和库存物资跟踪方面具有巨大的发展潜力。

（3）RFID 的技术标准。目前国际上有多种 RFID 技术标准，其中 ISO/IEC、EPCglobal 和 UID 是三种主要 RFID 技术标准。

1.6　RFID 的应用领域

随着物联网、人工智能等新一代信息技术的发展，RFID 在许多领域得到了广泛应用，在以下领域的应用尤为突出和典型：

- 制造领域
- 物流领域
- 零售领域
- 医疗领域
- 身份识别领域
- 军事领域
- 防伪安全领域
- 资产管理领域
- 交通领域
- 食品领域
- 图书领域
- 动物领域
- 农业领域
- 电力管理领域
- 电子支付领域
- 环境监测领域
- 智能家居领域

第 2 章
RFID 系统组成

2.1　概　　述

RFID 系统由阅读器、电子标签和高层应用组成，是一种非接触式的自动识别技术，它通过射频信号自动识别特定目标对象并获取相关的数据信息，即 RFID 技术无需识别系统与特定目标之间建立机械或光学接触，是利用射频信号通过空间耦合(交变磁场或电磁场)实现无接触信息传递并通过所传递的信息达到识别目的的技术。

RFID 技术利用无线电波进行双向通信，不需要人工干预，易于实现自动化且其射频卡不易损坏，不怕油渍、灰尘污染等，因此可工作于各种恶劣的环境中。RFID 技术可识别高速运动的物体并可同时批量识别多个电子标签，其操作快捷方便。因此，短距离的电子标签可以在恶劣的环境中替代条形码；而长距离的产品多用于交通中，其识别距离有几十米。

2.2　RFID 分类

1. 按照频率分类

按照工作频率不同，RFID 系统分为低频 RFID 系统、高频 RFID 系统、微波 RFID 系统。低频 RFID 系统典型工作频率为 125 kHz；高频 RFID 系统典型工作频率为 6.78 MHz、13.56 MHz 和 27.125 MHz；微波 RFID 系统典型工作频率为 860～960 MHz 之间。

2. 按照供电方式分类

按照供电方式不同，RFID 系统分为无源供电系统、有源供电系统、半有源供电系统。无源供电系统指电子标签没有供电装置，依靠从阅读器发送的电磁波获取能量。有源供电系统指电子标签本身提供能量，无需从阅读器端获取能量。

3. 按照耦合方式分类

按照耦合方式不同，RFID 系统分为电感耦合方式、电磁反向散射方式两种。

低频和高频 RFID 系统基本上都采用电感耦合识别方式。低频和高频 RFID 电子标签与阅读器的距离很近，这样电子标签可以获得较大的能量，其与阅读器的天线基本上都是线圈的形式，两个线圈之间的作用可以理解为变压器的耦合。

微波波段 RFID 系统主要工作在几百兆赫兹到几吉赫兹之间。微波 RFID 是电磁反向散射的识别系统，采用雷达原理模型，发射出去的电磁波碰到目标后反射，同时携带目标的信息返回。

2.3　RFID 系统组成

RFID 系统因应用不同其组成有所不同，典型的 RFID 系统主要由 RIFD 阅读器、RFID 电子标签、RFID 中间件和系统高层软件 4 部分构成，如图 2-1 所示。

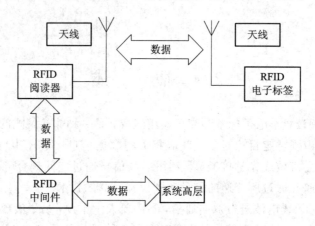

图 2-1　RFID 系统组成

电子标签由芯片及天线组成，附在物体上标识目标对象。每个电子标签具有唯一的电子编码，存储着被识别物体的相关信息。

阅读器是利用射频技术读写电子标签信息的设备。阅读器按照是否集成天线分为一体式阅读器和分体式阅读器。一体式阅读器将阅读器主机和天线集成在一起；分体式阅读器将阅读器主机与天线分开放置，用馈线相连。

中间件起着应用系统和 RFID 系统之间的桥梁作用。RFID 将与互联网、无线通信网等一起，在全球编织一个庞大的物联网。这种网络格局的变革，使许多应用程序在网络环境的异构平台上运行。为解决分布异构的问题，需要使用中间件。中间件是介于前端阅读器硬件模块与后端应用软件之间的重要环节，是 RFID 部署与运作的中枢。

复杂的 RFID 系统有多个阅读器，这由应用系统层处理。系统高层是计算机网络系统，数据交换与管理由计算机网络完成。

2.3.1　阅读器

阅读器（Reader）是读取（有时还可以写入）电子标签信息的设备，可设计为手持式或固定式，也称读写器（取决于电子标签是否可以无线改写数据，可写时称为读写器）、读出装置、扫描器、通信器等。通过天线与电子标签进行无线通信，可以实现对电子标签识别码和内存数据的读出或写入操作。典型的 RFID 阅读器如图 2-2 所示，其包含 RFID 射频模块（发送器和接收器）、控制单元以及阅读器天线。电子标签上的芯片一旦被激活，就会进行数据读出、写入操作，而阅读器可把通过天线得到的标签芯片中的数据，经过译码送往主计算机处理。

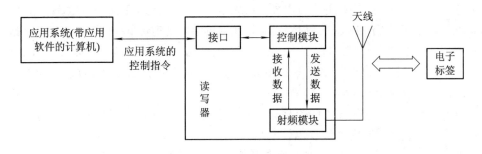

图 2-2　阅读器结构

按照工作频率不同，阅读器分为低频阅读器、高频阅读器和超高频阅读器三种。低频阅读器主要工作在 125 kHz，可以用于门禁考勤、汽车防盗和动物识别等方面。

1. 低频阅读器

ATMEL 公司生产的 U2270B 芯片是一款典型的阅读器芯片，其可以对一个 IC 卡进行非接触式的读写操作。

由 U2270B 构成的阅读器模块，关键部分是天线、射频读写基站芯片 U2270B 和微处理器。基站芯片 U2270B 通过天线以 125 kHz 的调制射频信号为 RFID 电子标签提供能量（电源），同时接收来自 RFID 电子标签的信息，并以曼彻斯特编码输出。微处理器可以采用多种型号，如单片机 AT89C2051、单片机 AT89S51 等。

2. 高频阅读器

高频阅读器主要工作在 13.56 MHz，典型的应用有我国第二代身份证、电子车票和物流管理等。MF RC500 芯片是一款典型的高频阅读器芯片。

MF RC500 芯片主要应用于 13.56 MHz，是非接触、高集成的 IC 读卡芯片。该 IC 读卡芯片具有调制和解调功能，并集成了在 13.56 MHz 下所有类型的被动非接触式通信方式和协议。MF RC500 支持快速 Crypto1 加密算法，用于验证 MIFARE 系列产品。MF RC500 的并行接口可直接连接到任何 8 位微处理器，给阅读器的设计提供了极大的灵活性。

MF RC500 芯片支持 ISO/IEC 14443A 所有的层。MF RC500 内部包括微控制器接口单元、模拟信号处理单元、ISO 14443A 规定的协议处理单元以及 MIFARE 卡的 Crypto1 安全密钥存储单元。MF RC500 的并行微控制器接口自动检测连接的 8 位并行接口的类型。

3. 超高频阅读器

超高频 RFID 系统是目前射频识别系统研发的核心，是物联网的关键技术。超高频 RFID 常见的工作频率是 433 MHz、860/960 MHz、2.45 GHz 等，该系统可以同时对多个电子标签进行操作，主要应用于需要较长的读写距离和高读写速度的场合。微波阅读器的射频电路与低频和高频阅读器有本质上的区别，需要考虑分布参数的影响，可以采用 ADS 软件进行仿真设计。

2.3.2 电子标签

标签(Tag)又称为射频标签、应答器、射频卡等，由耦合元件及芯片组成。每个电子标签具有唯一的电子编码，附着在物体上标识目标对象，是射频识别系统真正的数据载体。电子标签通常由三部分组成，即读写电路、硅芯片以及相关的天线，它能够接收并发送信号。电子标签一般被做成低功率的集成电路，与外部的电磁波或电磁感应相互作用，得到其工作时所需的功率并进行数据传输。

在 RFID 系统中，电子标签的价格远比阅读器低，但电子标签的数量很大，应用场合多样。电子标签的组成、外形和特点也各不相同。

一般情况下，电子标签由标签专用芯片和标签天线组成。芯片用来存储物品的数据，天线用来收发无线电波。

电子标签的结构形式多种多样，有卡片型、环型、纽扣型、条型、盘型、钥匙扣型和手表型等。电子标签可能是独立的标签形式，也可能会和诸如汽车点火钥匙集成在一起进行制造。

电子标签也分为低频、高频、超高频三类。

(1) 低频电子标签。低频电子标签使用低频频率，受到的限制较少，电波穿透力强；采用普通 CMOS 工艺，省电、廉价；有不同封装形式；磁场能产生相对均匀的读写区域。但是其存储数据量小，识别距离近，数据传输速率比较慢，天线价格相对较贵。

(2) 高频电子标签。高频电子标签存储的数据量增大；用更高的传输速率传送信息；天线的制作更为简单；频段全球都免许可使用。

该频率的波长可以穿过大多数的材料，但是会降低读取距离，识别距离近。

(3) 超高频电子标签。超高频电子标签与阅读器的距离较远；有很高的数据传输速率；可以读取高速运动物体的数据；可多个电子标签同时读取。

电子标签发展趋势：

(1) 体积更小；成本更低；作用距离更远。
(2) 无源可读写功能更加完善；适合高速移动物体的识别。
(3) 多标签同时读写；电磁场下自我保护功能更完善。
(4) 智能性更强；加密特性更完善。
(5) 带有其他附属功能的标签；具有杀死功能的标签。
(6) 新的生产工艺；带有传感器功能。

2.3.3 RFID 天线

RFID 天线(Antenna)是电子标签与阅读器之间的联系通道，通过天线来控制系统信号的获得与交换。天线的形状和大小多种多样，可以安装在门框上，接收从该门通过的人或物品的相关数据；也可以安装在适当的地点，以监控道路上的交通情况等。

电子标签可以做成动物跟踪标签，嵌入在动物的皮肤下，其直径比铅笔芯还小，长度只有 1.27 cm(0.5 英寸)；也可以做成卡的形状，许多商店在售卖的商品上附有硬塑料电子标签用于防盗。除此以外，12.7 cm×10.16 cm×5.08 cm 的长方形电子标签可用于跟踪联运集装箱或重型机器、车辆等。读卡器发出的无线电波在 2.54 cm～30.48 m 甚至更远的范围内都有效，这主要取决于其功率与所用的无线电频率。

2.4 RFID 通信方式

RFID 通信是指阅读器和标签之间的信息传输，其传输媒介是无线信号，通信距离较短。对于低频和高频 RFID 系统，无线通信载频较低(低于 13.56 MHz)，阅读器到标签或标签到阅读器的通信模型均为标准的通信模型，即原始信号经过信源编码、信道编码、调制后送入信道，信道中有噪声加入，到接收端经过解调、信道解码、信源解码之后恢复出原始信号。对于超高频 RFID 系统，无线通信载频在超高频端(860~960 MHz)，阅读器到电子标签的通信模型依然可看成标准通信模型，但电子标签到阅读器的信息传送方式是采用反向散射调制方式，是对入射波反射的调制，即利用标签要传送的数字信息改变标签天线的反射能量，阅读器对反射信息进行解读，提取标签传送的信息。

2.4.1 信号处理过程

信号是消息的载体，在通信系统中消息以信号的形式从一点传送到另一点。信道是信号的传输媒质，信道的作用是把携有信息的信号从它的输入端传递到输出端。在 RFID 系统中，阅读器与电子标签之间交换的是信息，由于采用非接触的通信方式，阅读器与电子标签之间构成一个无线通信系统，其中阅读器是通信的一方，电子标签是通信的另一方。

信号分为模拟信号和数字信号，RFID 系统主要处理的是数字信号。信号可以从时域和频域两个角度来分析，在 RFID 传输技术中，对信号频域的研究比对信号时域的研究更重要。阅读器与电子标签之间传输的信号有其自身的特点，常需要讨论信号工作方式和通信握手等问题。

阅读器与电子标签之间的工作方式可以分为时序系统、全双工系统和半双工系统，下面就阅读器与电子标签之间的工作方式予以讨论。

在时序系统中，从电子标签到阅读器的信息传输是在电子标签能量供应间歇进行的，阅读器与电子标签不同时发射。这种方式可以改善信号受干扰的状况，提高系统的工作距离。时序系统的工作过程如下。

(1) 阅读器先发射射频能量，该能量传送到电子标签，给电子标签的电容器充电，将能量用电容器存储起来，这时电子标签的芯片处于省电模式或备用模式。

(2) 阅读器停止发射能量，电子标签开始工作，电子标签利用电容器的储能向阅读器发送信号，这时阅读器处于接收电子标签响应的状态。

(3) 能量传输与信号传输交叉进行，一个完整的读出周期由充电阶段和读出阶段两个阶段构成。

1. 通信握手

通信握手是指阅读器与电子标签双方在通信开始、结束和通信过程中的基本沟通过程。通信握手要解决通信双方的工作状态、数据同步和信息确认等问题。

(1) 优先通信。RFID 由通信协议确定谁优先通信，是阅读器还是电子标签。对于无源和半有源系统，都是阅读器先讲；对于有源系统，双方都有可能先讲。

（2）数据同步。阅读器与电子标签在通信之前，要协调双方的位速率，保持数据同步。阅读器与电子标签的通信是空间通信，数据传输采用串行方式进行。

（3）信息确认。信息确认是指确认阅读器与电子标签之间信息的准确性，如果信息不正确，将请求重发。RFID 的通信协议常采用自动连续重发，接收方比较数据后丢掉错误数据，保留正确数据。

2. RFID 信道

信道可以分为两大类，一类是电磁波在空间传播的渠道，如短波信道、微波信道等；另一类是电磁波的导引传播渠道，如电缆信道、波导信道等。RFID 的信道是具有各种传播特性的自由空间，所以 RFID 采用无线信道。

（1）信道带宽。信号所拥有的频率范围叫作信号的频带宽度，简称带宽。设模拟信道频率上限为 f_2，下限为 f_1，则带宽为

$$\mathrm{BW} = f_2 - f_1 \tag{2-1}$$

（2）信道传输速率。信道传输速率就是数据在传输介质（信道）上的传输速率。数据传输速率是描述数据传输系统的重要技术指标之一，数据传输速率在数值上等于每秒钟传输数据代码的二进制比特数，数据传输速率的单位为比特/秒（b/s）。

（3）波特率与比特率。在信息传输通道中，携带数据信息的信号单元叫码元，每秒钟通过信道传输的码元数称为码元传输速率，简称波特率，单位为波特（Baud）。比特率是数据传输速率，表示单位时间内可传输二进制位的位数。

如果一个码元的状态数可以用 M 个离散电平数来表示，波特率用 R_s 表示，比特率用 R_b 表示，则码元速率和比特率之间有如下关系：

$$R_b = R_s \times \mathrm{lb}M \quad (\mathrm{b/s}) \tag{2-2}$$

若码元速率为 600 Baud，那么等概四进制时的信息速率为 1200 b/s。相反，若信息速率为 1800 b/s，那么等概八进制时的码元速率为 600 Baud。

（4）频带利用率 η。比较不同通信系统的有效性时，单看它们的传输速率是不够的，还应看在这样的传输速率下所占的信道的频带宽度。真正衡量数字通信系统传输效率的应当是单位频带内的码元传输速率，即

$$\eta = \frac{R_s}{B} \quad (\mathrm{B/Hz}) \quad \text{或} \quad \eta = \frac{R_b}{B} \quad (\mathrm{b/(s \cdot Hz)}) \tag{2-3}$$

（5）信道容量。信道容量是信道的一个参数，反映了信道所能传输的最大信息量。

对于具有理想低通矩形特性的信道，根据奈奎斯特准则，这种信道的最高码元传输速率为 2BW，也即最高传输速率为

$$C = 2\mathrm{BWlb}M \quad (\mathrm{lb} = \log_2) \tag{2-4}$$

对于带宽受限且有高斯白噪声干扰的信道，香农提出并严格证明了在被高斯白噪声干扰的信道中，最大信息传送速率的公式。这种情况的信道容量为

$$C = \mathrm{BWlb}\left(1 + \frac{S}{N}\right) \tag{2-5}$$

从香农公式可以看出，带宽越大，信道容量越大。在物联网中 RFID 主要选用微波频率，微波频率比低频频率和高频频率具有更大的带宽。信噪比越大，信道容量越大，而 RFID 无线信道有传输衰减和多径效应等，因此应尽量减小衰减和失真，提高信噪比。

2.4.2　基带信号波形和码型

RFID 采用数字通信方式，数字通信是利用数字信号来传递信息的通信系统，数字通信系统具有抗干扰能力强、噪声不积累、传输差错可控制、便于采用数字信号处理技术、易于集成、易于加密处理等优点。数字通信采用编码方式提高传输的可靠性。

编码是 RFID 系统的一项重要工作。二进制编码是用不同形式的代码来表示二进制的 1 和 0。对于传输数字信号来说，最常用的方法是用不同的电压电平来表示两个二进制数字，也即数字信号由矩形脉冲组成。按数字编码方式，可以将编码分为单极性码和双极性码。单极性码使用正(或负)的电压表示数据；双极性码 1 为反转，0 为保持零电平。根据信号是否归零，还可以将编码分为归零码和非归零码。归零码码元中间的信号回归到 0 电平；而非归零码遇 1 时电平翻转，遇零时不变。

常见的编码方式有如下几种。

1. 单极性不归零码

单极性不归零码是一种最简单的基带信号波形，用正电平和零电平分别表示对应二进制的"1"和"0"，极性单一，易于产生。其缺点是有直流分量，要求传输线路具有直流传输能力，因而不适用于有交流耦合的远距离传输，适用于极近距离的传输。其信号波形图如图2-3所示。

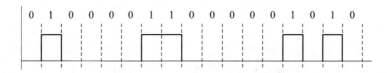

图 2-3　单极性不归零码波形

2. 单极性归零码

单极性归零码波形是指它的电脉冲宽度 τ 小于码元持续时间 T_s，即信号电压在一个码元终止时刻前总要回到零电平。通常归零波使用一半占空码，即占空比(τ/T_s)为 50%。从单极性归零波可以直接提取定时信息，因此单极性归零波是其他码型提取位同步信息时常采用的一种过渡波形。其信号波形图如图2-4所示。

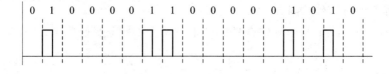

图 2-4　单极性归零码波形

3. 双极性不归零码

双极性不归零码波形用正负电平的脉冲分别表示二进制代码"1"和"0"，其正负电平的幅度相等、极性相反，当"1"和"0"等概率出现时无直流分量，有利于在信道中传输，并且在接收端恢复信号的判决电平为零，因而不受信道特性变化的影响，抗干扰能力也较强。其信号波形图如图 2-5 所示。

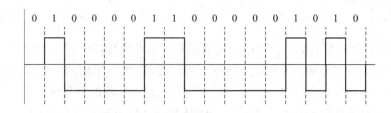

图 2-5 双极性不归零码波形

4. 双极性归零码

双极性归零码的波形兼有双极性和归零码波形的特点，由于其相邻脉冲之间存在零电位的间隔，因此接收端很容易识别出每个码元的起止时间，从而使收发双方能保持位的同步。其信号波形图如图 2-6 所示。

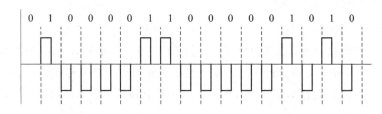

图 2-6 双极性归零码波形

5. AMI 码

AMI 码的全称是传号交替反转码。此方式是单极性方式的变形，即把单极性方式中的"0"码仍与零电平对应，而"1"码对应发送极性交替的正负电平。这种码型实际上把二进制脉冲序列变为三电平的符号序列(故叫伪三元序列)，其优点如下：

(1) 在"1""0"码不等概率情况下，也无直流成分，且零频附近低频分量小。因此，对具有变压器或其他交流耦合的传输信道来说，不易受直流特性的影响。

(2) 若接收端收到的码元极性与发送端的完全相反，也能正确判决。

(3) 便于观察误码情况。

此外，AMI 码还有编译码电路简单等优点，是一种基本的线路码，得到了广泛使用。不过，AMI 码有一个重要缺点，即当用来获取定时信息时，由于它可能出现长的连"0"串，因而会造成提取定时信号的困难。

AMI 码解码规则为：从收到的符号序列中将所有的－1 变换成＋1 后，就可以得到原消息代码。

6. HDB3 码

为了保持 AMI 码的优点而克服其缺点，人们提出了许多种类的改进 AMI 码，其中广泛为人们接受的是高密度双极性码 HDBn。三阶高密度双极性码 HDB3 码就是高密度双极性码中最重要的一种。

HDB3 码改进目的是为了保持 AMI 码的优点而克服其缺点，使连"0"个数不超过 3 个。编码规则为：

(1) 检查消息中"0"的个数。当连"0"数目小于等于 3 时，HDB3 与 AMI 码一样，＋1

与−1交替。

（2）当连"0"数目超过 3 时，将每 4 个"0"化作一小节，定义为 B00V，称为破坏节，其中 B 为调节脉冲，V 为破坏脉冲。

（3）V 与前一个相邻的非"0"脉冲极性相同，并且要求相邻的 V 码之间极性必须交替。V 的取值为"+1"或"−1"。

（4）B 的取值可选"0""+1"或"−1"，以使 V 能同时满足（3）中的两个要求。

（5）V 码后面的传号码也要交替。

HDB3 码的特点是明显的，它除了保持 AMI 码的优点外，还增加了使连"0"串减少至不多于 3 个的优点，而不管信息源的统计特性如何。这对于定时信号的恢复是极为有利的。

AMI 码和 HDB3 码对应波形图如图 2−7 所示。

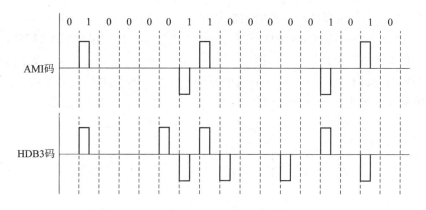

图 2−7　AMI 码和 HDB3 码波形图

7. 曼彻斯特编码

曼彻斯特（Manchester）码又称为数字双相码或分相码。它的特点是每个码元用两个连续极性相反的脉冲来表示。如"1"码用正负脉冲表示，"0"码用负正脉冲表示。该码的优点是无直流分量，最长连"0"、连"1"数为 2，定时信息丰富，编译码电路简单。但其码元速率比输入的信码速率提高了一倍。

曼彻斯特码适用于数据终端设备在中速短距离上传输。当极性反转时会引起译码错误，为解决此问题，可以采用差分码的概念，将数字分相码中用绝对电平表示的波形改为用电平相对变化来表示。这种码型称为条件分相码或差分曼彻斯特码。曼彻斯特码波形如图 2−8 所示。RFID 国际标准中采用了曼彻斯特编码实现从标签到阅读器的编码，在多标签批量识别中阅读器可以利用曼彻斯特编码发现标签碰撞，并进行相应操作来实现标签防碰撞算法。

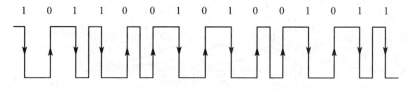

图 2−8　曼彻斯特码波形

2.4.3　码间串扰及消除方法

1. 码间串扰

数字通信的主要质量指标是传输速率和误码率，二者之间密切相关、互相影响。当信道一定时，传输速率越高，误码率越大。如果传输速率一定，那么误码率就成为数字信号传输中最主要的性能指标。从数字基带信号传输的物理过程看，误码是由接收机抽样判决器错误判决所致，而造成误判的主要原因是码间串扰和信道噪声。码间串扰是由于系统传输特性不理想，导致前后码元的波形畸变、展宽，并使前面波形出现很长的拖尾，蔓延到当前码元的抽样时刻上，从而对当前码元的判决造成干扰。码间串扰是数字通信系统中除噪声干扰之外最主要的干扰，它与加性的噪声干扰不同，是一种乘性的干扰。造成码间串扰的原因有很多，实际上，只要传输信道的频带是有限的，就会造成一定的码间串扰。

图 2-9 给出了码间串扰示意图，图 2-9(a)示出了 $\{a_n\}$ 序列中的单个"1"码，经过发送滤波器后，变成正的升余弦波形，见图 2-9(b)，此波形经信道传输产生了延迟和失真，如图 2-9(c)所示。我们看到这个"1"码的拖尾延伸到了下一码元时隙内，并且抽样判决时刻也应向后推移至波形出现最高峰处(设为 t_1)。

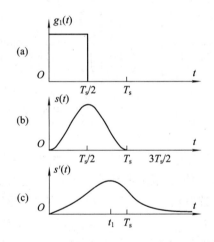

图 2-9　单个码元码间串扰示意图

假如传输的一组码元是 1110，采用双极性码、经发送滤波器后变为升余弦波形，如图 2-10(a)所示。经过信道后产生码间串扰，前 3 个"1"码的拖尾相继侵入到第 4 个"0"码的时隙中，如图 2-10(b)所示。

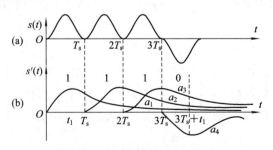

图 2-10　多个码元码间串扰示意图

2. 码间串扰的消除

一个好的基带传输系统，应该在传输有用信号的同时能尽量抑制码间串扰和噪声。为便于讨论，先忽略信道噪声，同时把基带传输系统模型作一简化，如图 2-11 所示。

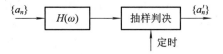

图 2-11　基带传输系统简化模型

图中，$H(\omega) = G_T(\omega)C(\omega)G_R(\omega)$，为发送滤波器、信道、接收滤波器之总和，是整个系统的基带传输特性。如果无码间串扰，系统的冲激响应满足：

$$h(kT_s) = \begin{cases} 1, & k = 0 \\ 0, & k \text{ 为其他整数} \end{cases} \tag{2-6}$$

即抽样时刻（$k=0$ 点）除当前码元有抽样值之外，其他各抽样点上的取值均应为 0。

根据 $h(t) \Leftrightarrow H(\omega)$ 的关系可知，要实现无码间串扰的传输波形 $h(t)$ 转化为基带传输总特性 $H(\omega)$ 的问题。

$$h(kT_s) = \frac{1}{2\pi} \int_{-\infty}^{\infty} H(\omega) \mathrm{e}^{\mathrm{j}\omega kT_s} \mathrm{d}\omega \tag{2-7}$$

满足上式的 $H(\omega)$ 即是能实现无码间串扰的基带传输函数。

最简单的无码间串扰的基带传输函数是理想低通滤波器的传输特性，即

$$H(\omega) = \begin{cases} K\mathrm{e}^{-\mathrm{j}\omega t_0}, & |\omega| \leqslant \pi/T_s \\ 0, & |\omega| > \pi/T_s \end{cases} \tag{2-8}$$

式中，K 为常数，代表带内衰减。理想低通滤波器波形如图 2-12 所示。

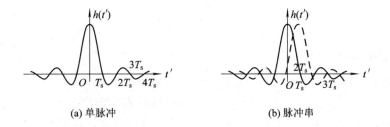

(a) 单脉冲　　　　　　　　　　(b) 脉冲串

图 2-12　理想低通传输系统特性

由图可以看到在 t' 轴上，抽样函数出现最大值的时间仍在坐标原点。如果传输一个脉冲串，那么在 $t'=0$ 有最大抽样值的这个码元在其他码元抽样时刻 $kT_s(k=0,\pm1,\pm2,\cdots)$ 幅度值为 0，如图 2-12 所示，说明它对其相邻码元的抽样值无干扰。这就是说，对于带宽为 $B_N = W/2\pi = \frac{\pi/T_s}{2\pi} = \frac{1}{2T_s}$（Hz）的理想低通滤波器，只要输入数据以 $R_B = \frac{1}{T_s} = 2B_N$ 波特的速率传输，那么接收信号在各抽样点上就无码间串扰。反之，数据若以高于 $2B_N$ 波特的速率传输，则码间串扰不可避免，这是抽样值无失真条件。

3. 奈奎斯特准则

根据式（2-6）无码间串扰时域要求，可以得到无码间串扰时基带传输的频域特性应

满足:

$$\frac{1}{T_s}\sum_i H\left(\omega+\frac{2\pi i}{T_s}\right)=\begin{cases}1, & |\omega|\leqslant\dfrac{\pi}{T_s}\\[2mm]0, & |\omega|>\dfrac{\pi}{T_s}\end{cases} \qquad (2-9)$$

或

$$\sum_i H\left(\omega+\frac{2\pi i}{T_s}\right)=\begin{cases}T_s, & |\omega|\leqslant\dfrac{\pi}{T_s}\\[2mm]0, & |\omega|>\dfrac{\pi}{T_s}\end{cases} \qquad (2-10)$$

该条件称为奈奎斯特(Nyquist)第一准则。它提供了检验一个给定的传输系统特性是否产生码间串扰的一种方法。基带总特性凡是能符合此要求的，均能消除码间串扰。满足奈奎斯特(Nyquist)条件下，有

$$R_B=2f_s=\frac{1}{T_s} \qquad (2-11)$$

式中，R_B 为奈奎斯特速率，f_s 为截止频率，T_s 为奈奎斯特间隔。

几个特征参量介绍如下：

① 奈奎斯特带宽：

$$B_N=\frac{W}{2\pi}=\frac{\pi/T_s}{2\pi}=\frac{1}{2T_s}=\frac{f_s}{2}=\frac{R_B}{2}\quad(\text{Hz})$$

② 奈奎斯特速率：

$$R_B=2B_N=\frac{1}{T_s}=f_s$$

③ 奈奎斯特间隔：

$$T_s=\frac{1}{R_B}=\frac{1}{2B_N}$$

4. 余弦滚降特性

虽然理想的低通特性达到了基带系统的极限传输速率和极限频带利用率，但这种理想特性在物理上是不可实现的。为了解决理想低通特性存在的问题，可以使理想低通特性的边沿缓慢下降，称为"滚降"。常用的一种滚降特性是余弦特性，如图 2-13 所示。

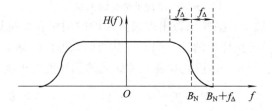

图 2-13 余弦特性

只要 $H(f)$ 在滚降段中心频率处（与奈奎斯特带宽 B_N 相对应），成奇对称的振幅特性，就可以满足奈奎斯特准则，从而实现无码间串扰传输。余弦特性传递函数为

$$H(\omega) = \begin{cases} T_s, & 0 \leqslant |\omega| < \dfrac{(1-\alpha)\pi}{T_s} \\[2mm] \dfrac{T_s}{2}\left[1 + \sin\dfrac{T_s}{2\alpha}\left(\dfrac{\pi}{T_s} - \omega\right)\right], & \dfrac{(1-\alpha)\pi}{T_s} \leqslant |\omega| < \dfrac{(1+\alpha)\pi}{T_s} \\[2mm] 0, & |\omega| \geqslant \dfrac{(1+\alpha)\pi}{T_s} \end{cases} \quad (2-12)$$

其相应的时域表达式为

$$h(t) = \frac{\sin\pi t/T_s}{\pi t/T_s} \cdot \frac{\cos\alpha\pi t/T_s}{1 - 4\alpha^2 t^2/T_s^2} \quad (2-13)$$

式中,α 为滚降系数,用于描述滚降程度。定义为 $\alpha = f_\Delta/B_N$,其中,B_N 为奈奎斯特带宽;f_Δ 是超出奈奎斯特带宽的扩展量。

显然,$0 \leqslant \alpha \leqslant 1$,对应不同的 α 有不同的滚降特性。图 2-14 所示为滚降系数 α 等于 0,0.5,0.75,1 时的几种滚降特性和冲击响应。可见,滚降系数越大,$h(t)$ 的拖尾衰减越快,对位定时精度要求越低。但是滚降使得带宽增大为 $B = B_N + f_\Delta = (1+\alpha)B_N$,所以频带利用率降低。

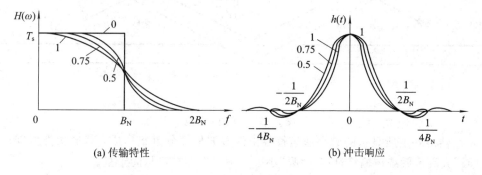

(a) 传输特性　　　　　　　　　　　　(b) 冲击响应

图 2-14　余弦滚降特性示例

5. 基于眼图的基带信号质量评估

所谓眼图,是指通过示波器观察接收端的基带信号波形,从而估计和调整系统性能的一种方法。这种方法的具体做法是:用一个示波器跨接在抽样判决器的输入端,然后调整示波器水平扫描周期,使其与接收码元的周期同步。此时可以从示波器显示的图形上,观察码间干扰和信道噪声等因素的影响情况,从而估计系统的性能优劣。

在实际数字互连系统中,完全消除码间串扰是十分困难的,而码间串扰对误码率的影响目前尚无法找到数学上便于处理的统计规律,还不能进行准确计算。为了衡量基带传输系统的性能优劣,在实验室中,通常用示波器观察接收信号波形的方法来分析码间串扰和噪声对系统性能的影响,这就是眼图分析法。

在无码间串扰和噪声的理想情况下,波形无失真,每个码元将重叠在一起,最终在示波器上看到的是迹线又细又清晰的"眼睛","眼"开启得最大。当有码间串扰时,波形失真,码元不完全重合,眼图的迹线就会不清晰,引起"眼"部分闭合。若再加上噪声的影响,则使眼图的线条变得模糊,"眼"开启得小了,因此,"眼"张开的大小表示失真的程度,反映码间串扰的强弱。由此可知,眼图能直观地表明码间串扰和噪声的影响,可评价一个基带传输系统性能的优劣。另外,也可以用此图形对接收滤波器的特性加以调整,以减小码间串扰和改善系统的传输性能。

通常眼图可用下图来描述,如图 2-15 所示。由该图可以获得以下信息:

(1) 最佳抽样时刻是"眼睛"张开最大的时刻。

(2) 定时误差灵敏度是眼图斜边的斜率。斜率越大,对位定时误差就越敏感。

(3) 图中阴影区的垂直高度表示抽样时刻上信号受噪声干扰的畸变程度。

(4) 图中央的横轴位置对应于判决门限电平。

(5) 抽样时刻,上下两个阴影区的间隔距离之半为噪声容限,若噪声瞬时值超过它就可能发生错判。

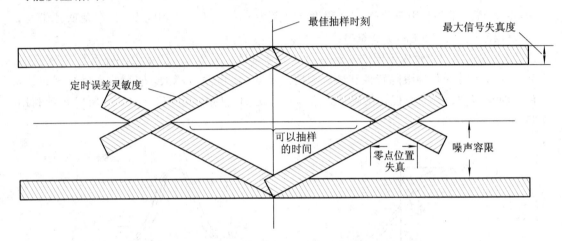

图 2-15 眼图的模型

示波器屏幕上所显示的数字通信符号由许多波形部分重叠形成,其形状类似"眼"的图形。"眼"大表示系统传输特性好;"眼"小表示系统中存在符号间干扰。

2.4.4 基于 SystemView 的基带系统的仿真实例

1. 仿真原理框图

基带数字信号传输原理框图如图 2-16 所示。

图 2-16 基带数字信号传输原理框图

2. 仿真参数

基带信号速率:128 Baud;

采样频率:10 240 Hz;

每码元采样点数:80;

仿真点数:5000;

仿真时间:0~488.183 593 75e−3s;

采样间隔:97.656 25e−6s;

脉冲波形:Root Cosine 型;

脉冲宽度：7.8125e−3s。

3. 基于 SystemView 的仿真模型

基于 SystemView 的基带数字通信仿真建模如图 2−17 所示。

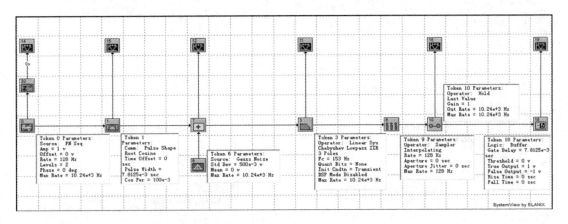

图 2−17　基于 SystemView 的基带数字通信仿真建模

主要模块参数配置：

（1）信号产生：由随机信号发生器 0 实现，参数设置如图 2−18 所示。

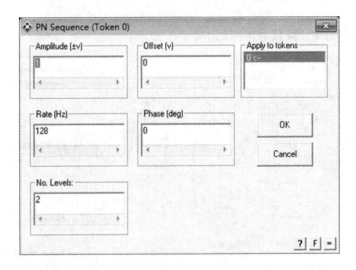

图 2−18　基于 SystemView 的仿真建模参数

（2）延迟单元：由延迟器 20 实现，由于脉冲成形和接收端低通滤波产生 2 个码元的延迟，每个码元 80 个采样点，为了使发送信号和接收判决信号对齐便于比较，将发送端信号延迟 160 个采样点。

（3）接收滤波器设计：由于采用了脉冲成形，传输波形并不是理想波形，低通滤波器截止频率按照信号频带宽度的 1.2 倍设计，即 128×1.2＝153 Hz，型号为 Chebyshev。

4. 仿真结果与分析

发送端成形滤波前后信号时域、频域波形对比如图 2−19 所示。

由图可见，成形滤波以后频域衰减快，可以有效减小码间串扰。

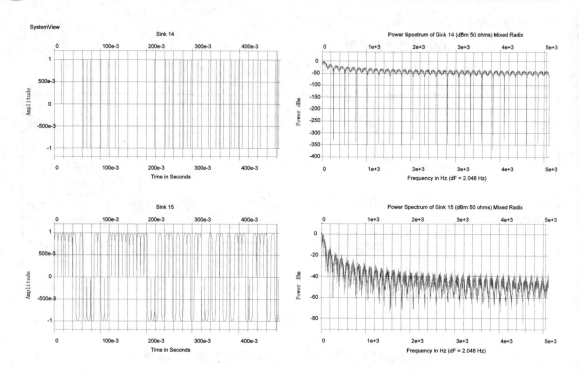

图 2-19　成形滤波前后信号波形图

加噪前后波形时域、频域对比图如图 2-20 所示。

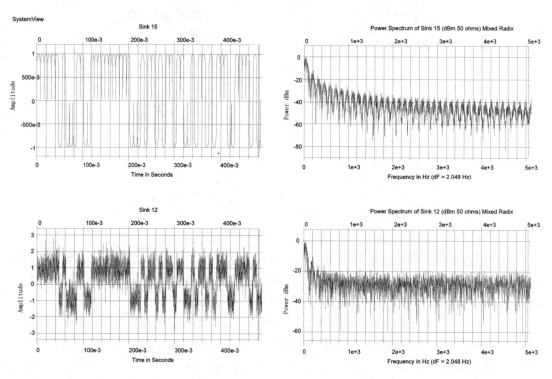

图 2-20　加噪前后波形时域、频域对比图

由图可见，噪声对信号时域和频域均产生了明显的影响。

接收端滤波前后信号波形时域、频域对比图如图 2-21 所示。图中左边为滤波后的信号，右边为滤波前的接收信号。

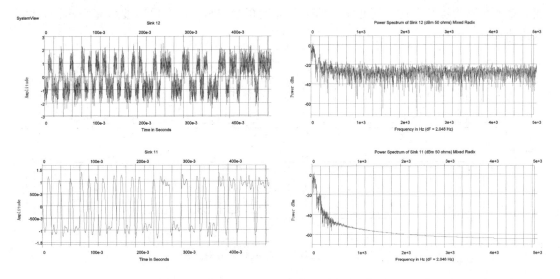

图 2-21 接收端滤波前后信号波形时域、频域对比

从图中可以看出，滤波器设计得当可以滤除大部分噪声。

眼图的观察：眼图设置起始时间为 0.001 s，观察窗长度为两个码元时长。得到滤波后的眼图如图 2-22 所示。

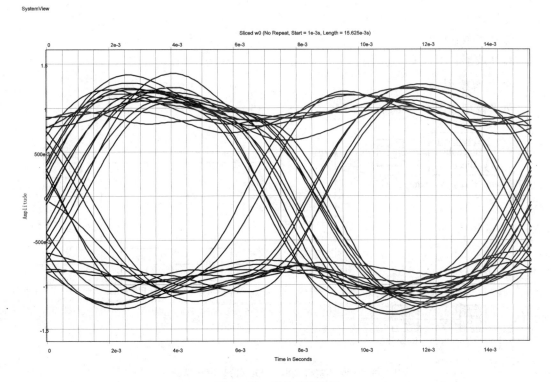

图 2-22 接收信号眼图

发送的原始信号和接收判决生成的信号比对，仿真结果如图 2－23 所示。图中，上半部分为延迟两个码元的原始序列，下半部分为经过基带数字传输判决回复的新序列。由图可见，除了在原始信号序列开始处发生两个码元的延迟以外，两个序列波形完全相同，没有发生错误。

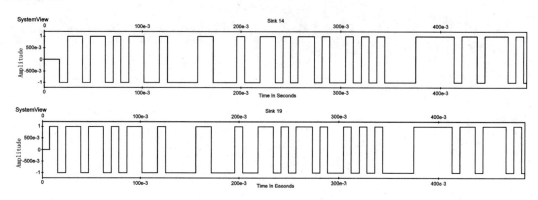

图 2－23　接收信号与原始信号对比图

2.4.5　基于 Matlab 的基带调制仿真

1. 仿真参数

基带速率：1 Kb/s；

采样率：10 kHz；

每码元采样点数：10；

仿真点数：100；

脉冲波形：Root Cosine 型。

2. 仿真模型

仿真模型如图 2－24 所示。

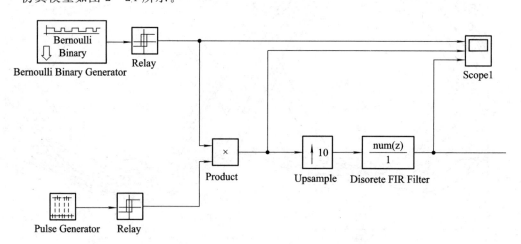

图 2－24　基带调制的 Simulink 仿真模型

曼彻斯特的编码规则为：将二级制码"1"编成"10"，将"0"码编成"01"，这里采用了二进制双极性码,即将"1"编成"+1-1"码,而将"0"码编成"-1+1"码。用 Simulink 中的 Bernoulli Binary Generator(不归零二进制码生成器)、Relay、Pulse Generator(脉冲生成器)、Product(乘法器)构成曼彻斯特码的生成电路。

调制端双极性码、曼彻斯特码及经过成形滤波后的波形如图 2-25 所示。

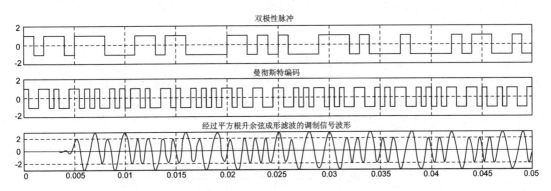

图 2-25　调制端双极性码、曼彻斯特码及经过成形滤波后的波形

由图可以看出,平方根升余弦滤波对信号产生了平滑滤波效果。

2.4.6　调制解调方式

数字基带信号往往具有丰富的低频分量,必须用数字基带信号对载波进行调制,而不是直接传送数字基带信号,以使信号与信道的特性相匹配。用数字基带信号控制载波,把数字基带信号变换为数字已调信号的过程称为数字调制,RFID 主要采用数字调制的方式。

在信号传输的过程中,并不是将信号直接进行传输,而是将信号与一个固定频率的波进行相互作用,这个过程称为加载,这样一个固定频率的波称为载波。在 RFID 系统中,正弦载波除了是信息的载体外,在无源电子标签中还具有提供能量的作用,这一点与其他无线通信有所不同。

1. 2ASK 调制模型

调幅是指载波的频率和相位不变,载波的振幅随调制信号的变化而变化。振幅键控是利用载波的幅度变化来传递数字信息,在二进制数字调制中,载波的幅度只有两种变化,分别对应二进制信息的 1 和 0。目前电感耦合 RFID 系统常采用 ASK 调制方式,如 ISO/IEC 14443 及 ISO/IEC 15693 标准均采用 ASK 调制方式,二进制振幅键控写作 2ASK。

2ASK 的数学模型如式(2-14)所示:

$$v(t) = s(t)\cos(\omega_c t) \qquad (2-14)$$

式中,$s(t)$ 为待调制数字基带信号,$\cos(\omega_c t)$ 为载波信号,ω_c 为载波的角频率,$v(t)$ 为携带有基带信号的调制波。待调制数字基带信号如式(2-15)所示:

$$s(t) = \sum_n a_n g(t - nT_s) \qquad (2-15)$$

式中,a_n 为单极性矩形脉冲序列,取值为 1 或者 0,$g(t-nT_s)$ 为脉冲,$g(t)$ 是持续时间为 T_s 的矩形脉冲。

2ASK 一般可采用两种方式产生,即模拟调制法和键控法,其模型框图如图 2-26 所示。

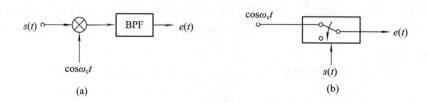

图 2-26 二进制振幅键控(2ASK)信号的产生模型

图 2-26(a)表示一般的模拟幅度调制方法，这里的 $s(t)$ 由式(2-15)确定；图 2-26(b)表示键控方法，这里的开关电路受 $s(t)$ 控制。当输入单极性矩形脉冲序列为 010010 时，产生的二进制振幅键控(2ASK)信号波形如图 2-27 所示。

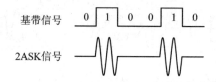

图 2-27 二进制振幅键控(2ASK)信号的波形示例

2. 2ASK 调制信号功率谱密度与带宽

由于二进制振幅键控信号是随机的、功率型的信号，故研究其频谱特性时，应该讨论功率谱密度。由公式(2-14)和式(2-15)可知，一个 2ASK 信号可表示成

$$v(t) = s(t)\cos\omega_c t = \left[\sum_n a_n g(t - nT_s)\right]\cos\omega_c t \qquad (2-16)$$

现设 $v(t)$ 的功率谱密度为 $P_{2ASK}(f)$，$s(t)$ 的功率谱密度为 $P_s(f)$，则由式(2-8)可得

$$P_{2ASK}(f) = \frac{1}{4}[P_s(f + f_c) + P_s(f - f_c)] \qquad (2-17)$$

因 $s(t)$ 是单极性的随机矩形脉冲序列，则 $P_s(f)$ 可由式(2-18)确定。

$$P_s(f) = f_s P(1-P)|G(f)|^2 + f_s^2(1-P)^2 \sum_{m=-\infty}^{+\infty}|G(mf)|^2\delta(f - mf) \qquad (2-18)$$

式中，$G(f)$ 表示二进制序列中宽度为 T_b、高度为 1 的门函数 $g(t)$ 所对应的频谱函数。根据矩形波形 $g(t)$ 的频谱特点，对于所有 $m \neq 0$ 的整数，有 $G(mf_s) = 0$，故式(2-18)可化简为

$$P_s(f) = f_s P(1-P)|G(f)|^2 + f_s^2(1-P)^2|G(0)|^2\delta(f) \qquad (2-19)$$

现将式(2-19)代入式(2-17)，可得

$$P_{2ASK}(f) = \frac{1}{4}f_s P(1-P)[|G(f+f_c)|^2 + |G(f-f_c)|^2] +$$

$$\frac{1}{4}f_s^2(1-P)^2|G(0)|^2[\delta(f+f_c) + \delta(f-f_c)] \qquad (2-20)$$

式中，$G(f) = T_b \text{Sa}(\pi T_b f)$。当 $P = 1/2$ 时，式(2-20)可写成

$$P_{2ASK}(f) = \frac{1}{16}T_b[\text{Sa}^2\pi T_b(f+f_c) + \text{Sa}^2\pi T_b(f-f_c)] +$$

$$\frac{1}{16}[\delta(f+f_c) + \delta(f-f_c)] \qquad (2-21)$$

此功率谱密度的示意图如图 2-28 所示，图中 $f_s = 1/T_b$，表示数字基带信号的基本脉冲是不归零矩形脉冲。

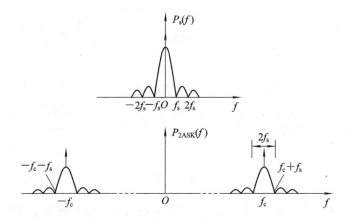

图 2-28　二进制振幅键控（2ASK）信号的功率谱密度示意图

由图 2-28 可知：

（1）由于 2ASK 信号的功率谱密度 $P_{2ASK}(f)$ 是相应的单极性数字基带信号功率谱密度 $P_s(f)$ 形状不变地平移至 $\pm f_c$ 处形成的，所以 2ASK 信号的功率谱密度由连续谱和离散谱两部分组成。它的连续谱取决于数字基带信号基本脉冲的频谱 $G(f)$；它的离散谱是位于 $\pm f_c$ 处的一对频域冲激函数，这意味着 2ASK 信号中存在着可作载频同步的载波频率 f_c 的成分。

（2）基于同样的原因，可以知道，上面所述的 2ASK 信号实际上相当于模拟调制中的调幅（AM）信号。因此，由图 2-28 可以看出，2ASK 信号的带宽 B_{2ASK} 是单极性数字基带信号带宽 $B_{基}$ 的两倍。

$$B_{2ASK} = 2B_{基} = \frac{2}{T_b} = 2f_s = 2R_B \qquad (2-22)$$

式（2-22）中，R_B 为 2ASK 系统的传码率，故 2ASK 系统的频带利用率为

$$\eta_B = \frac{1/T_B}{2/T_B} = \frac{1}{2} \quad (\text{Baud/Hz}) \qquad (2-23)$$

这意味着用 2ASK 方式传送码元速率为 R_B 的数字信号时，要求该系统的带宽至少为 $2R_B(\text{Hz})$。2ASK 信号的主要优点是易于实现，特别适合于 RFID 这类对成本敏感的应用场景。

3. 2ASK 信号的解调

2ASK 信号的解调有两种方法：包络解调法和相干解调法。包络解调法的原理方框图如图 2-29 所示。图中，BPF 表示带通滤波器，它恰好使 2ASK 信号完整地通过，包络检测后输出其包络。LPF 表示低通滤波器，它的作用是滤除高频杂波，使基带包络信号通过。抽样判决器包括抽样、判决及码元形成，有时又称为译码器。定时抽样脉冲是很窄的脉冲，通常位于每个码元的中央位置，其重复周期等于码元的宽度。不计噪声影响时，带通滤波器输出为 2ASK 信号，即 $y(t) = s(t)\cos\omega_c t$，包络检测器输出为 $s(t)$，经抽样、判决后将码元再生，即可恢复出数字序列 $\{a_n\}$。

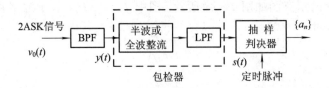

图 2-29 2ASK 信号的包络解调法原理方框图

相干解调法原理方框图如图 2-30 所示。相干解调就是同步解调，同步解调时，接收机要产生一个与发送载波同频同相的本地载波信号，称为同步载波或相干载波，利用同步载波与收到的 2ASK 信号相乘，乘法器的输入为 $y(t)$，乘法器的输出为 $z(t)$，$z(t)$ 由式 (2-24) 确定。

$$z(t) = y(t) \cdot \cos\omega_c t = s(t) \cdot \cos^2 \omega_c t = \frac{1}{2}s(t) + \frac{1}{2}s(t)\cos 2\omega_c t \qquad (2-24)$$

式中，第一项是基带信号，第二项是以 $2\omega_c$ 为载波的成分，两者频谱相差很远，经低通滤波器(LPF)后，即可输出信号。低通滤波器的截止频率选为基带数字信号的最高频率。由于噪声影响及传输特性的不理想，低通滤波器输出波形将会存在失真，经抽样判决器后即可再生出数字基带信号。

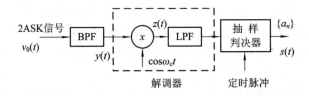

图 2-30 2ASK 信号的相干解调法原理方框图

假设不考虑 2ASK 信号经过信道传输时存在的码间串扰，只考虑信道加性噪声，且它包括实际信道中的噪声，也包括接收设备噪声折算到信道中的等效噪声。令此噪声是均值为零的高斯白噪声 $n_i(t)$，它的功率谱密度为

$$p_n(f) = \frac{n_0}{2} \quad (-\infty < f < +\infty) \qquad (2-25)$$

由于信道加性噪声被认为只对信号的接收产生影响，若接收机 BPF 输入端的有用信号为 $u_i(t)$，这里：

$$u_i(t) = \begin{cases} A\cos\omega_c t, & \text{发 1 时} \\ 0, & \text{发 0 时} \end{cases} \qquad (2-26)$$

只考虑噪声时，噪声 $n_i(t)$ 与有用信号 $u_i(t)$ 的合成信号为 $y_i(t)$：

$$y_i(t) = \begin{cases} u_i(t) + n_i(t), & \text{发 1 时} \\ n_i(t), & \text{发 0 时} \end{cases} \qquad (2-27)$$

经过带通滤波器(BPF)后，有用信号被滤出，而高斯白噪声变成了窄带高斯噪声 $n(t)$，这时的合成信号为 $y(t)$。当窄带高斯噪声信号 $n(t) = n_c(t)\cos\omega_c t - n_s(t)\sin\omega_c t$ 时，$y(t)$ 可写成

$$y(t) = \begin{cases} [A + n_c(t)]\cos\omega_c t - n_s(t)\sin\omega_c t, & \text{发 1 时} \\ n_c(t)\cos\omega_c t - n_s(t)\sin\omega_c t, & \text{发 0 时} \end{cases} \qquad (2-28)$$

4. 2ASK 包络检波时系统误码率

由式(2-28)可知，若发送"1"码，则在 $(0, T_s)$ 内带通滤波器输出的包络为

$$V(t) = \sqrt{[a + n_c(t)]^2 + n_s^2(t)} \tag{2-29}$$

其一维概率密度函数服从莱斯分布，即

$$f_1(v) = \frac{v}{\sigma_n^2} I_0\left(\frac{\sigma_v}{\sigma_n^2}\right)\exp\left(-\frac{v^2 + a^2}{2\sigma_n^2}\right) \tag{2-30}$$

式中，I_0 是零阶贝赛尔函数，σ_n^2 为 $n(t)$ 的方差。

若发送"0"码，则在 $(0, T_s)$ 内，带通滤波器输出的包络为

$$V(t) = \sqrt{n_c^2(t) + n_s^2(t)} \tag{2-31}$$

其一维概率密度函数服从瑞利分布，即

$$f_0(v) = \frac{v}{\sigma_n^2}\exp\left(-\frac{v^2}{2\sigma_n^2}\right) \tag{2-32}$$

式中，σ_n^2 为 $n(t)$ 的方差。

包络解调时，2ASK 系统的误码率等于系统发"1"和发"0"两种情况下产生的误码率之和。假设信号的幅度为 A，信道中存在着高斯白噪声，当带通滤波器恰好让 2ASK 信号通过时，发"1"时包络的一维概率密度函数为莱斯分布，其主要能量集中在"1"附近；而发"0"时包络的一维概率密度函数为瑞利分布，信号能量主要集中在"0"附近，但这两种分布在 $A/2$ 附近会产生重叠，如图 2-31 所示。

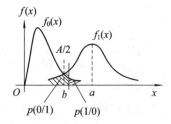

图 2-31　2ASK 信号包络解调时概率分布曲线

若发"1"的概率为 $p(1)$，发"0"的概率为 $p(0)$，并且当 $p(1) = p(0) = 1/2$ 时，取样判决器的判决门限电平取为 $A/2$，当包络的取样值大于 $A/2$ 时，判为"1"；当抽样值小于或等于 $A/2$ 时，判为"0"。若发"1"错判为"0"的概率为 $p(0/1)$，发"0"错判为"1"的概率为 $p(1/0)$，则系统的总误码率为

$$p_e = p(1)p(0/1) + p(0)p(1/0) = \frac{1}{2}[p(0/1) + p(1/0)] \tag{2-33}$$

实际上，p_e 就是图 2-31 中两块阴影面积之和的一半。当采用包络解调时，通常是工作在大信噪比的情况下，这时可近似地得出系统误码率为

$$p_e = \frac{1}{2}\int_{-\infty}^{A/2} f_1(v)\mathrm{d}v + \frac{1}{2}\int_{A/2}^{+\infty} f_0(v)\mathrm{d}v = \frac{1}{2}e^{-\frac{r}{4}} \tag{2-34}$$

式中，$r = A^2/(2\sigma_n^2)$ 表示输入信噪比。式(2-34)表明，当信噪比远大于 1 时，包络解调 2ASK 系统的误码率随输入信噪比 r 的增加近似地按指数规律下降。

5. 2ASK 相干解调时系统误码率

由图 2-31 知，当式(2-28)波形经过 2ASK 系统相干解调的乘法器后，乘法器的输出信号为

$$z(t) = \begin{cases} [A + n_c(t)]\cos^2\omega_c t - n_s(t)\cos\omega_c t\sin\omega_c t, & \text{发 1 时} \\ n_c(t)\cos^2\omega_c t - n_s(t)\cos\omega_c t\sin\omega_c t, & \text{发 0 时} \end{cases} \tag{2-35}$$

经过低通滤波器(LPF)后，得

$$x(t) = \begin{cases} [A + n_c(t)], & \text{发 1 时} \\ n_c(t), & \text{发 0 时} \end{cases} \tag{2-36}$$

式中未计入系数 1/2，这是因为该系数可以由电路的增益加以补偿。由于 $n_c(t)$ 是高斯过程，因此当发送"1"码时，过程 $A + n_c(t)$ 的一维概率密度为

$$f_1(x) = \frac{1}{\sqrt{2\pi}\sigma_n}\exp\left[-\frac{(X-A)^2}{2\sigma_n^2}\right] \qquad (2-37)$$

当发送"0"码时，过程 $n_c(t)$ 的一维概率密度为

$$f_0(x) = \frac{1}{\sqrt{2\pi}\sigma_n}\exp\left[-\frac{X^2}{2\sigma_n{}^2}\right] \qquad (2-38)$$

2ASK 信号相干解调时概率分布曲线如图 2-32 所示。

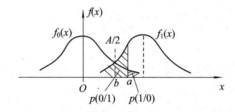

图 2-32   二进制振幅键控(2ASK)信号相干解调时概率分布曲线

当 $p(0) = p(1) = 1/2$，且判决门限选为 $A/2$ 时，假设 $x > A/2$ 判为"1"，$x \leqslant A/2$ 判为"0"，发送"1"码判为"0"的概率为 $p(0/1)$，发送"0"码判为"1"的概率为 $p(1/0)$，则相干检测时系统的误码率为

$$p_e = p(1)p(0/1) + p(0)p(1/0) = \frac{1}{2}\int_{-\infty}^{A/2} f_1(x)\,\mathrm{d}x + \frac{1}{2}\int_{A/2}^{+\infty} f_0(x)\,\mathrm{d}x \qquad (2-39)$$

将式(2-37)和式(2-38)代入式(2-39)，可得

$$p_e = \frac{1}{2}\mathrm{erfc}\left(\frac{A}{2\sqrt{2}\sigma_n}\right) = \frac{1}{2}\mathrm{erfc}\left(\frac{\sqrt{r}}{2}\right) \qquad (2-40)$$

式中，$r = A^2/(2\sigma_n^2)$ 表示输入信噪比。当输入信噪比远大于 1 时，式(2-40)可近似为

$$p_e \approx \frac{1}{\sqrt{\pi r}}\mathrm{e}^{-\frac{r}{4}} \qquad (2-41)$$

比较式(2-41)和式(2-34)可以看出，在相同的大信噪比 r 下，2ASK 系统相干解调时的误码率总是低于包络解调时的误码率，但两者的误码性能相差并不大。然而，包络解调时不需要稳定的本地相干载波信号，故实现时电路要简单得多。

现将 2ASK 系统的包络解调与相干解调相比较，可以得出以下几点结论：

(1) 相干解调比包络解调容易设置最佳判决门限电平。因为相干解调时最佳判决门限仅是信号幅度的函数，而包络解调时最佳判决门限是信号和噪声的函数。

(2) 最佳判决门限时，当输入信噪比 r 相同时，相干解调的误码率小于包络解调的误码率；当系统误码率相同时，相干解调比包络解调对信号的输入信噪比要求低。因此采用相干解调的 2ASK 系统的抗噪声性能优于包络解调的 2ASK 系统。

(3) 相干解调时需要插入相干载波，而包络解调时不需要。因此包络解调的 2ASK 系统要比相干解调的 2ASK 系统简单。

例 2.1   设某 RFID 系统二进制幅移键控 2ASK 信号的码元速率 $R_B = 4.8 \times 10^3$ 波特，采用包络解调或相干解调。已知接收端输入信号的幅度 $A = 1$ mV，信道中加性高斯白噪声

的单边功率谱密度 $n_0 = 2 \times 10^{-12}$ W/Hz。试求：

① 包络解调时系统的误码率；

② 相干解调时系统的误码率。

解　① 因为 2ASK 信号的码元速率 $R_B = 4.8 \times 10^3$ 波特，所以接收端带通滤波器的带宽近似为

$$B \approx 2R_B = 9.6 \times 10^3 \quad (\text{Hz})$$

带通滤波器输出噪声的平均功率为

$$\sigma_n^2 = n_0 B = 1.92 \times 10^{-8} \quad (\text{W})$$

解调器输入信噪比为

$$r = \frac{A^2}{2\sigma_n^2} = \frac{10^{-6}}{2 \times 1.92 \times 10^{-8}} \approx 26$$

由式(2-34)可得包络解调时系统的误码率为

$$p_e = \frac{1}{2}e^{-\frac{r}{4}} = \frac{1}{2}e^{-\frac{26}{4}} = 7.5 \times 10^{-4}$$

② 同理，由式(2-41)可得相干解调时系统的误码率为

$$p_e \approx \frac{1}{\sqrt{\pi r}}e^{-\frac{r}{4}} = \frac{1}{\sqrt{3.1416 \times 26}}e^{-\frac{26}{4}} = 1.67 \times 10^{-4}$$

2.4.7　2ASK 调制信号仿真

1. 2ASK 系统的仿真模型

2ASK 信号的产生方法可分为模拟调制法和数字键控法两种，由于基带数字信号采用双极性非归零码，所以 2ASK 信号的产生采用数字键控法。

此处 2ASK 信号的解调采用包络检波法来实现。其 SystemVue(SystemView 软件的升级版)仿真模型如图 2-33 所示。

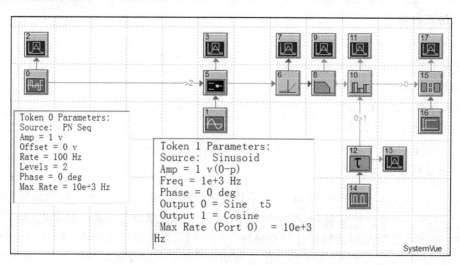

图 2-33　二进制振幅键控系统的 SystemVue 仿真模型

图 2-33 中，图符 0 代表数字基带信号，图符 1 代表载波信号，图符 5 为数字键控开

关，图符 6 完成半波整流功能，图符 8 实现低通滤波的功能，图符 10 实现抽样/保持功能，图符 14 代表抽样定时脉冲，图符 15 代表判决器，图符 2，3，7，9，11，13，17 为分析接收器，其图符设置如表 2-1 所示。

表 2-1　基于 SystemVue 平台的二进制振幅键控系统图符设置

图符编号	库/图符名称	参　　数
0	Source:PN Seq	Amp=1V，Offset=0V，Rate=100Hz，Levels=2，Phase=0deg
1	Source:Sinusoid	Amp=1V，Freq=1000Hz，Phase=0deg
5	Logic:SPDT	Switch Delay=0sec，Threshold=500e-3V，Input1=None，Input0=t1，Control=t0，Output0
6	Function:Half Rctfy	Zero Point=0V
8	Operator:Linear Sys	Butterworth Lowpass，3 Poles，Fc=100Hz
10	Operator:Sample Hold	Ctrl Threshold=500e-3V
12	Operator:Delay	Non-Interpolating，Delay=50e-4 sec
14	Source:Pulse Train	Amp=1V，Freq=100Hz，PulseW=50e-4sec，Offset=0V，Phase=0deg
15	Operator:Compare	Comparison='>='，True Output=1V，False Output=-1V，AInput=t10 Output 0，BInput=t16 Output 0
16	Source:Step Fct	Amp=100e-3V，Start=0sec，Offset=0V
2，3，7，9，11，13，17	Sink:Analysis	

2. 仿真参数

基带信号码元速率：100 波特；

载波信号频率：1000 Hz；

采样频率：10 000 Hz；

仿真点数：2500；

仿真时间：0～249.9e-3s；

采样间隔：100e-6s。

3. 仿真结果与分析

运行系统仿真后，分析接收器 Sink 2 得到的波形为调制信号（数字基带信号）的波形，如图 2-34 所示，分析接收器 Sink 3 得到的波形为 2ASK 信号的波形，如图 2-35 所示。由图可知，数字基带信号即调制信号是双极性非归零码，当调制信号为 +1 时，2ASK 信号为载波信号；当调制信号为 -1 时，2ASK 信号为 0。图 2-36 为调制信号和 2ASK 信号的频谱图，由图可知，2ASK 信号的频谱是将调制信号的频谱搬移至载波信号的频率上，且载波信号的频率为 1000 Hz，所以调制信号的 2ASK 调制属于线性调制。

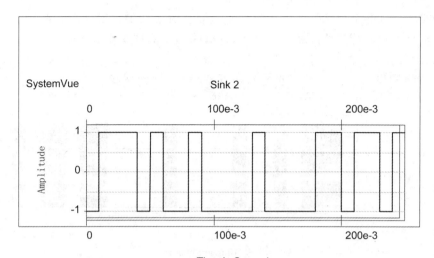

图 2 - 34　调制信号的波形

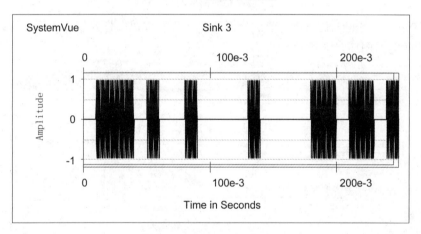

图 2 - 35　2ASK 信号的波形

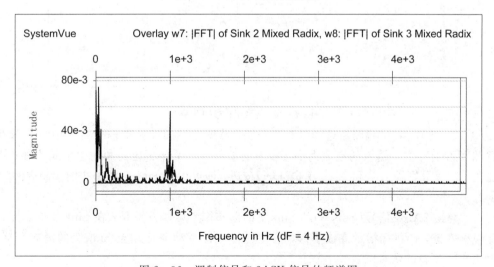

图 2 - 36　调制信号和 2ASK 信号的频谱图

分析接收器 3 和 7 得到的波形为半波整流器整流前后的信号波形，如图 2 - 37 所示。该仿真图要用到接收计算器的瀑布图(Waterfall)功能，具体操作步骤如下：

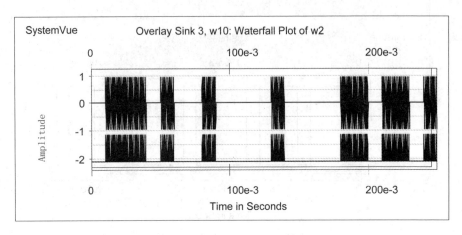

图 2 - 37　整流前后的信号波形

（1）选中 W2:Sink7 仿真图，单击分析窗左下角的按钮 $\sqrt{\alpha}$ 打开接收计算器窗口，并切换到 Style 页面，如图 2 - 38 所示。

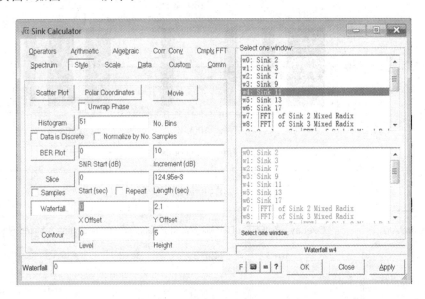

图 2 - 38　绘制瀑布图步骤

（2）单击【Waterfall】按钮选择瀑布图功能，然后在后面的文本框中输入相应的 X 坐标偏置和 Y 坐标偏置，输入的数值大小与波形的形状、X/Y 坐标范围和期望生成的瀑布图形状有关，这里分别输入 0 和 2.1。单击【OK】按钮，即可生成 Sink 7 的瀑布图 Waterfall Plot of w2。

（3）叠绘 2ASK 信号(Sink 3)和 Sink 7 的瀑布图。具体方法是：在 Sink 3 仿真图区域按住鼠标左键，待鼠标指示变成手形，按住鼠标左键不动并拖动至 Sink 7 的瀑布图区域，此时生成一张新的仿真图。

为了获得最佳抽样，抽样时钟信号的抽样时刻是否准确非常重要，图 2 - 39 显示了抽样时钟信号、待抽样信号和抽样保持信号的仿真图。图 2 - 39 中，上边部分为抽样时钟信号，其频率大小与调制信号的速率相同，其位置（相位）由位同步电路决定，此处由延时器来调整。图 2 - 39 中，中间部分为待抽样信号，它是经过低通滤波器滤除高频分量后得到的。图 2 - 39 中，下边部分为抽样保持信号，它是在抽样时钟信号的上升沿由抽样时钟对待抽样信号抽样保持后得到的，其抽样时刻位于抽样时钟信号的上升沿。

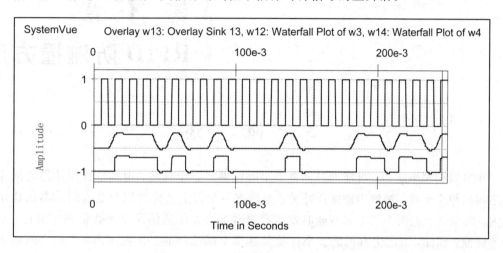

图 2 - 39　抽样时钟信号、待抽样信号和抽样保持信号仿真图

图 2 - 40 显示了 2ASK 系统发送端的调制信号与接收端的解调信号，上半部分为调制信号，下半部分为解调信号。除了由于在传输和解调过程中引入的延迟外两个信号完全相同，该包络检波解调系统能够实现正确解调。

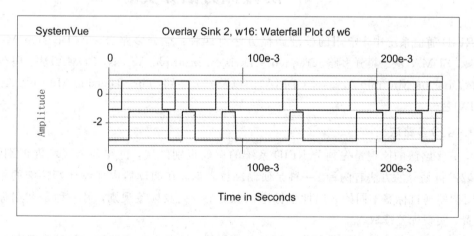

图 2 - 40　调制信号和解调信号仿真图

第 3 章
RFID 防碰撞方法

3.1 概　　述

在射频识别系统中，可能同时部署多个阅读器或多个标签，由此造成阅读器之间或标签之间的相互干扰，统称为碰撞或冲突。如果有一个以上的标签同时处在阅读器的作用范围内，则当两个或两个以上标签同时发送数据时就会发生通信冲突和数据相互干扰，造成标签碰撞。同样，有时也有可能多个标签处在多个阅读器的工作范围内，它们之间的数据通信也会引起数据干扰。为了防止这些碰撞的产生，射频识别系统中需要设置相关命令，解决碰撞问题，这些命令称为防冲突命令或算法（Anti-collision Logrithms）。

3.2　防碰撞方法分类

RFID 通信系统中，常用的处理碰撞方法有四种：空分多路（Space Division Multiple Access，SDMA）法、频分多路（Frequency Division Multiple Access，FDMA）法、码分多路（Code Division Multiple Access，CDMA）法以及时分多路（Time Division Multiple Access，TDMA）法。

1. 空分多路法

空分多路法的原理是先划分 RFID 系统的有效识别区域，再在各个区域内识别标签。对区域进行划分的方法有两种。一种是研制阅读器时，在阅读器内部设计好特殊的相控天线，阅读器通过标签不同的方向性坐标来区分标签，完成标签识别。另一种是利用标签空间位置，实现标签读取。

空分多路法最大的困难是制作专用的相控天线，因此空分多路法也只能在某些特殊情况下，比如阅读器防碰撞中才会被应用。

2. 频分多路法

频分多路法利用不同的 RFID 系统所使用的频段不同，即使使用同一频段但具体的工作频率也不相同的原理，对传输信号的信道进行划分。通常阅读器的工作频率是固定不变的，标签的工作频率可能互不相同。在一个阅读器的识别范围内可能存在许多待识别的标签，并且这些标签的工作频率可能都不一样。不同工作频率的标签向阅读器发送数据信息时，会选择适合其工作频率的特有信息通道。

由于需要在阅读器内部设置不同频率的接收器与不同频率的信道相对应，其实现成本较高，因此在实际应用中，阅读器防碰撞可以采用频分多路法，但在标签防碰撞中几乎不被应用。

3. 码分多路法

码分多路法是建立在扩频通信技术基础之上的。为了提高抗干扰能力，扩频通信技术在传送一定带宽的数据时，发送端调制过程会同步完成带宽扩展，即采用了带宽远远大于该信号带宽的伪随机码完成数据的传输，进而成功完成整个数据信息的通信过程。

码分多路法不仅具有很强的抗干扰能力，同时也具有较高的安全性，对信道资源也能够充分利用。但是选用伪随机码将限制信道容量，同时会导致接收数据的时间延迟的增加，因此码分多路法在实际 RFID 中很难被推广应用。

4. 时分多路法

时分多路法的原理是根据时间对 RFID 系统的可用传输通道进行有效分配。综合考虑 RFID 系统的搭建成本、时效要求、通信方式、能量供应等因素，时分多路法在实际中得到了广泛应用。虽然存在很多种类的基于时分多路法的标签防碰撞算法，但都是基于两种基本算法发展得到的，即 Aloha 算法和二进制树搜索算法。这两种算法分别对应随机性算法和确定性算法，具有不同的原理，在不同场景中运用。

防碰撞算法分类如图 3-1 所示。

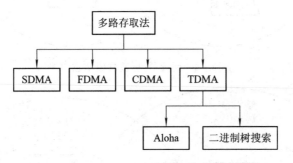

图 3-1 防碰撞算法分类

RFID 系统中通常不使用空分多路（SDMA）法和频分多路（FDMA）法，因为实现它们的成本很高，不适用于需要具有较低实现成本和复杂性的无源 RFID 系统。时分多路（TDMA）是带有少量标签的 RFID 系统的最佳选择。UHF RFID 系统的大多数标准都选用了基于 Aloha 的随机性防碰撞算法和具有确定性的二进制树搜索防碰撞算法。防碰撞算法可以使系统的信道利用率以及吞吐率更高，同时可以使所需的时隙数更少，从而降低时延，提高数据的准确率。

3.3 阅读器防碰撞方法

3.3.1 阅读器碰撞

在 FRID 应用中，单个阅读器的识别速度和覆盖区域均有限，而采用多个阅读器构成的 RFID 系统可以扩大识别区域，有效地降低标签漏读率和提高识别速度。在多阅读器 RFID 系统中，当标签接收到多个阅读器识别命令信号时，标签无法正确识别任何一个阅读器，导致响应阅读器失败，这就是阅读器-标签碰撞。如果阅读器发射的电磁信号干扰了其他阅读器识别标签过程，就会产生阅读器-阅读器碰撞问题。这两种碰撞均会浪费无线通信资源，降低识别吞吐率，统称为阅读器碰撞问题。

阅读器-标签碰撞也称为标签干扰，如图 3 - 2 所示，它是指当一个标签同时位于两个或多个阅读器的可读写区域内时，多个阅读器在同一时刻尝试发送识别指令，该标签在不能同时应答多个阅读器的信息时导致的阅读器数据碰撞；阅读器-阅读器碰撞也称为频率干扰，如图 3 - 3 所示，它是由于一个阅读器发射的信号太强以至于掩盖或阻碍了其他阅读器正确识别其区域内的标签信号而产生的碰撞。

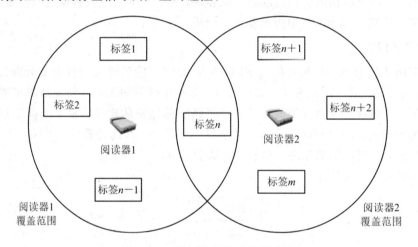

图 3 - 2　阅读器-标签碰撞示意图

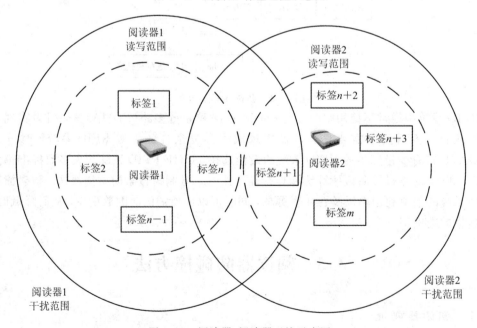

图 3 - 3　阅读器-阅读器碰撞示意图

3.3.2　阅读器碰撞避免方法

阅读器碰撞是多阅读器 RFID 系统中的一个关键问题，为此研究者提出了一系列阅读器防碰撞算法和协议来解决该问题。传统多路访问技术中，高成本的码分多路(CDMA)技术不适合解决阅读器碰撞问题。频分多路(FDMA)技术虽不适合解决标签碰撞问题，但适用于解决阅读器碰撞问题。空分多路(SDMA)技术通过调整发射功率和方向来改变待识别标签数，适合于阅读器防碰撞协议。时分多路(TDMA)技术因成本低而特别适合于解决阅读器碰撞问题，是 RFID 中主流的多路访问技术。TDMA 技术分为 Aloha 协议、载波侦听多路访问(Carrier Sense Multiple Access，CSMA)、碰撞检测(Collision Detection，CD)、碰撞避免(Collision Avoidance，CA)和确认(Acknowlegement，ACK)等几种。

1. 基于 SDMA 的阅读器防碰撞方法

SDMA 在不同空间区域重用频道容量，显著降低单个阅读器识别范围，但要求有大量阅读器以覆盖操作范围。另一个办法是控制阅读器的方向天线，使定向电磁束能够指向一部分标签。因此，在阅读器识别区域，不同标签能够通过角度位置区别开来。然而，SDMA 技术要求相对高，实现成本高。

2. 基于 FDMA 的阅读器防碰撞方法

ISO/IEC1800－6 标准和 EPC－C1 G2 标准使用了频谱规划方法，基于 FDMA 的阅读器防碰撞方法将阅读器识别和标签响应的频谱分开，这可能会引起阅读器-标签碰撞和阅读器-阅读器碰撞。对于密集 RFID 系统，完全分布式频率分配(FDFA)和半分布式频率分配(SDFA)是基于优化的分布式频道选择和随机识别算法的。

3. 基于 TDMA 的阅读器防碰撞算法

第一类，帧时隙 Aloha 型阅读器防碰撞算法，包括 DCS(Distributed Color Selection)算法、Colorwave 算法、增强型 Colorwave 算法、AC-MRFID 算法和 Jun-Bong Eom 算法等。

· DCS 算法。DCS 算法是基于 TDMA 的防碰撞方法，传输时间被分成多个固定时隙数的帧。每个阅读器工作在一个帧内的不同时隙以避免同时传输。为了实现时隙分布，Waldrop 等学者提出了 DCS 算法的分布式协议。

DCS 算法是基于 TDMA 的防碰撞算法，这种算法将每个时隙看作一种颜色，阅读器主要通过随机选取的时隙(颜色)激活自身的查询标签，当发生碰撞时，碰撞的阅读器都不能识别标签，且阅读器会随机选取一种颜色留作下一帧使用。在 DCS 中，帧长设为固定值，其实现较为简单，然而，当帧长与阅读器数不匹配时，其性能将会降低。

· Colorwave 算法。Colorwave 算法是对 DCS 算法的改进，因为每个阅读器的邻居阅读器数是不同的，当颜色数，即帧长相同时，如果帧长大于邻居数会造成一定的浪费，如果帧长小于邻居数将使阅读器碰撞问题加重，所以 Colorwave 算法提出了帧长可变的 DCS 算法。阅读器通过监控碰撞发生的概率，根据碰撞发生概率与预定阈值的关系调整时隙数，即如果碰撞概率大于规定的阈值，表明碰撞严重，就增大帧长；反之，如果小于规定的阈值表明有时隙浪费，则减小帧长。但是 Colorwave 算法对时间的利用还不充分，且该算法复杂度较高，对系统硬件要求也比较高，增加了系统的成本。

· 增强型 Colorwave 算法。Colorwave 算法的主要不足是帧长波动问题，为此 S. R.

Lee 等学者提出了增强型 Colorwave 算法，该算法要求阅读器通过 Kick 消息同步帧长，在改变帧长过程中时间间隔按指数规律增加，结果所有阅读器帧长趋向一个最优值，并且帧长波动随时间推移而减少。当 Colorwave 应用于移动 RFID 阅读器时，由于阅读器移动导致阅读器间的碰撞可能频繁发生，因此帧长变化频繁。当 RFID 阅读器固定和很少移动时，Colorwave 算法和增强型 Colorwave 算法是恰当的。对于移动 RFID 阅读器，动态帧帧时隙 Aloha 算法能够自动调整每个阅读器帧长。

• AC-MRFID 算法。Colorwave 能够根据阅读器间碰撞来改变帧长，当碰撞率很高时，由 Colorwave 确定的帧越来越长，会降低运行效率。为了避免 Colorwave 算法存在的这个问题，Kwang 等学者提出了 AC-MRFID 协议，AC-MRFID 将帧时隙分为识别标签时间和阅读器间通信时间，从而避免了阅读器-标签通信与阅读器间通信的相互干扰。该协议中帧长等于阅读器干扰范围内阅读器的数量，故确定的帧长只受阅读器数量影响，不受阅读器干扰数量的影响。

• Jun-Bong Eom 算法。Jun-Bong Eom 等学者提出了 Jun-Bong Eom 算法，该算法是基于密集和移动阅读器的动态 RFID 网络环境提出的一种轮询服务器的阅读器防碰撞算法。由于有了服务器的帮助，阅读器能快速决定是否存在邻居阅读器或是否可以识别标签，能够比较容易地实现阅读器间同步。

第二类，载波侦听 CSMA 型阅读器防碰撞算法，包括 LBT 算法、Slotted-LBT 算法、HIQ 算法、PULSE 算法、GENTLE 算法、RAC-Multi 算法、DiCa 算法、MCMAC 算法和带 CA 的 CSMA 算法等。

• LBT 算法。欧洲规章 ETSI EN 302 208 中，一个阅读器必须在其使用的数据频道上侦听一个特定最小时间以确认该频道是否空，此方式叫作交谈前侦听（Listen Before Talk，LBT）算法。LBT 算法，即"先听后说"算法主要基于 CSMA（载波侦听）技术，阅读器在激活识别标签之前持续监听信道，若信道空闲，阅读器激活识别标签；若信道忙，阅读器则随机回退一段时间，然后重新监听信道。当 LBT 被应用于多频道系统时，并不是所有信道都被使用，因为一定数量的阅读器可能在一个特定频道上竞争。

• Slotted-LBT 算法。Slotted-LBT 算法是一种减少频道访问时变和干扰影响的基于 TDMA 的 LBT 方案。在 Slotted-LBT 中，每个时间帧由几个固定长度的时隙组成，阅读器通过 LBT 方案获得数据频道。Slotted-LBT 解决了 LBT 在密集阅读器环境中一些阅读器可能花很多时间去获取数据频道的问题。

• HIQ（Hierarchical Q-Learning Algorithm）算法。HIQ 算法称为分层的 Q-learning 算法，主要通过频繁地与 RFID 系统交互来尝试找出所有阅读器最佳频率分配方案。虽然阅读器工作在固定频率上，但标签并无法分辨频率，所以当多个阅读器同时查询标签时，在标签处仍无法解调阅读器发送的信息，标签不能被正确识别，且 HIQ 算法一直处于学习状态，需要频繁交涉，当阅读器拓扑结构发生变化时，需重新调整，增大了系统开销。所以 HIQ 算法不适用于阅读器移动的环境。

• PULSE 算法和 GENTLE 算法。S. Pulse 等学者提出了 PULSE 算法，W. Gentle 等学者提出了 GENTLE 算法。PULSE 算法和 GENTLE 算法是基于分开控制信道上定期信标的阅读器碰撞避免方案。PULSE 算法通过将信道分为控制信道和数据信道来避免阅读器-标签之间的碰撞，即阅读器与标签之间传递信息时使用数据信道，控制信道则用来协

调周围的邻居阅读器；当阅读器利用数据信道识别标签时，会通过控制信道周期地发送
Beacon 信息告知邻居阅读器自己正在识别标签。PULSE 协议在一定程度上解决了隐藏终
端和暴露终端问题，但周期性发送、接收 Beacon 信息使阅读器消耗了大量的能量。PULSE
算法基于只有一个数据信道和一个控制信道，而 GENTLE 考虑的是多数据信道，因为国际
标准经常不限制数据信道数。当一个阅读器与标签通信时，它通过控制信道周期性地广播
Beacon 消息，接收 Beacon 消息的阅读器被禁止识别标签。

- RAC-Multi 算法。由于每个阅读器在可用数据信道中随机选择一个信道，这可能导
致邻居阅读器间产生邻近信道干扰问题，为此，RAC-Multi 协议提供在数据信道和控制信
道间分开的一个信道，来确保控制信号和邻近信道信号间不会发生干扰。

- DiCa 算法。DiCa 算法与 PULSE 类似，是对 PULSE 算法的改进，也有一个控制信
道和数据信道，它是合作、竞争的分布式碰撞避免方案。DiCa 算法也将信道划分为数据信
道和控制信道，阅读器之间的信息通过控制信道传输，数据信道用来传输阅读器-标签之间
的信息。与 PULSE 算法的不同点在于，DiCa 算法认为周期性地发送 Beacon 信息是没有必
要的，所以只在阅读器结束识别时发送信息告知邻居阅读器，这样大幅提高了阅读器的处
理速度和有效性。它不要求集中协调或全局同步，适合无线移动网络环境。因为它不仅避
免了碰撞，而且通过与邻居阅读器交互来自动改变功率，将一个阅读器控制信道射频半径
设置为等于相邻阅读器数据信道半径之和，克服了隐藏终端问题，最小化了暴露终端问题，
但它要求大量的时间以交换竞争信息，故不能完全解决碰撞问题。

- MCMAC 算法。MCMAC 算法也是基于竞争的多信道协议，使用了 $N-1$ 个数据信
道和一个控制信道，与 PULSE 一样也是在信道占用前进行通报。任何在数据信道上相互
干扰的两个阅读器间通过控制信道能够相互通信，这是通过发送比数据信道更高功率的信
号来实现的。该算法的主要不足在于附加控制信道分配可能导致隐藏终端问题和暴露终端
问题。

- 带 CA 的 CSMA 算法。Tanaka 和 Sasase 基于多信道阅读器的 Detect-and-Abort 原
理提出了两个分布式干扰避免算法。他们构想出一个基于线性规划的 RFID 系统模型，并
且对一个给定的阅读器布置场景，得出最优阅读器通信概率。第一个算法确定阅读器应如
何与标签通信；第二个算法通过给每个阅读器增加传输任务来实现简单集中控制，有效避
免了非对称干扰。

4. 基于功率控制的阅读器防碰撞算法

基于功率控制的阅读器防碰撞算法主要包括 LLCR 算法、w-LCR 算法、PPC 算法、
DAPC 算法和 APAA 算法。该类算法通过调整阅读器识别功率减小阅读器之间的碰撞和
干扰。

- LLCR(Low-energy Localized Clustering for RFID Networks)算法。LLCR 算法通
过调整 RFID 阅读器的聚类半径 R 使代价函数 f 最小，从而减小阅读器碰撞的概率。
w_LCR 算法在 LLCR 算法基础上增加了奖励函数和处罚函数，使算法的鲁棒性更好，效率
也有明显的提高。

- PPC(Probabilistic Power Control)算法。PPC 算法通过改变阅读器的发射功率，使
其按照某种概率分布动态变化，达到避免阅读器之间碰撞的目的，使得邻居阅读器可以在
同一时隙识别范围内的标签。

• DAPC(Distributed Adaptive Power Control)算法。DAPC 算法采用一个经过推导论证的概率模型调整功率增加值，使阅读器功率周期性地从最小值增加到最大值。功率的更新算法在同时兼顾通信质量和速率的条件下获取了更理想的阅读器识别范围。DAPC 算法性能优越，非常适用于阅读器密集的应用场景。

• APAA(Adaptive Power Anti-collision Algorithm)算法。APAA 算法主要是结合 LBT 机制和功率控制技术设计的防碰撞算法。APAA 算法通过邻居阅读器调整识别范围的大小，防止与自身识别范围碰撞，这样可以使多个阅读器同时激活识别标签。APAA 算法中，阅读器在激活识别标签之前，首先要检测信道是否空闲，若信道空闲，则阅读器激活并识别其覆盖范围内的标签；若信道忙，则阅读器调整功率，重新进行标签探测等一系列活动，调整结束后重新重复检测信道工作，直到成功识别标签为止，否则一直重复上述过程。

5. 基于集中资源分配的阅读器防碰撞方法

当一定数量的 RFID 阅读器工作在一个区域时，分布式防碰撞方案的性能可能降低。这种情况下，一个集中化阅读器防碰撞方案可能更为有效。该集中方案分析各种影响碰撞因素，使用资源分配方式来将频率和时间分配给各个阅读器。Hyunsik Seo 提出了 RA-GA 资源分配方案，该方案为一个基于启发式的资源分配方案，但其实现方面受阅读器 SINR 限制，它借助于遗传算法，在某一确定时间内最大化阅读器所覆盖的总区域。Juan J. Alcaraz 提出了阅读器调度算法，用于可靠识别移动标签。

3.4　标签防碰撞方法

3.4.1　标签碰撞形成原因

批量标签识别，即同时对多个标签进行识别，是 RFID 系统非常典型的应用场景，也是 RFID 技术优于其他自动识别技术的主要特征之一。在 RFID 系统中，由于应用灵活，不受供电环境限制，无源标签得到了更为广泛的应用。无源标签之间缺乏通信协作机制，难以避免发生多个标签同时响应阅读器的情况，从而引起标签碰撞。因此，防碰撞技术是 RFID 技术发展过程中的关键技术之一，主要解决多标签下的信号识别与处理。

每个标签都含有可被识别的全球唯一身份信息，RFID 系统就是通过读取并识别这个唯一标识信息，判断标签携带者的身份，从而进行相应的识别、定位及数据处理的。若阅读器覆盖区域只有一个标签，则可直接进行阅读；但当覆盖区域内存在多个标签时，面对阅读器发出的识别指令，全部标签都会同时响应，并且标签之间的响应信号会出现互相干扰的现象，即通常所说的数据碰撞，从而使得阅读器和标签之间的通信出错或失败。处理上述碰撞问题的方案被称为标签防碰撞(冲突)算法或协议。

3.4.2　RFID 标签防碰撞方法

在无源 RFID 系统中，因为受到标签功耗的限制，SDMA、FDMA 和 CDMA 技术并不适用于标签防碰撞，目前广泛使用的标签防碰撞算法基本上都是 TDMA 方法，主要分为两类：基于 Aloha 的标签防碰撞方法和基于二进制树搜索的标签防碰撞方法。

1. 基于 Aloha 的标签防碰撞方法

Aloha 过程或算法是一种概率过程，可用于从标签到阅读器的多路访问上行链路通信中，以避免冲突。它的实现较为简单，因此目前在带有只读标签的无源 RFID 系统中非常常见。

在使用 Aloha 标签防碰撞算法的 RFID 系统中，每个标签用于数据传输的时间只是重复时间的一小部分，并且同一标签的传输会出现长时间的停顿。因此，阅读器和标签之间的通信不连续。另外，每个标签传输数据占用的时间是不同的，这取决于要传输的数据量。

Aloha 算法分为纯 Aloha(Pure Aloha，PA)、时隙 Aloha(Slot Aloha，SA)和帧时隙 Aloha(Frame Slot Aloha，FSA)等，FSA 又分为基本帧时隙 Aloha(Basic Frame Slot Aloha，BFSA)和动态帧时隙 Aloha(Dynamic Frame Slot Aloha，DFSA)。

1) 纯 Aloha(PA)算法

纯 Aloha 算法由标签随机选择一个时间点向阅读器发送自身所携带的身份标识和数据，此时若同时有其他标签响应，那么信号将发生重叠，导致数据部分或全部碰撞。具体实现过程是：首先由标签向阅读器发送自身携带的信息，阅读器检测所接收的数据情况，判断是否产生碰撞。若发生碰撞，则阅读器发送命令，将碰撞情况告知标签，所有标签随机等待一段时间后再进行应答；若没有碰撞，则阅读器与该标签完成通信并将其转入休眠状态。进入休眠状态的标签不再回应阅读器的命令，直到离开其作用范围重新进入后才能被激活。如此不断重复，直到成功识别完所有标签。由于纯 Aloha 算法是一种概率性算法，当标签数量增多时，发生碰撞的概率增大，系统吞吐量降低，所以该算法比较适合在标签数量较少的情况下使用。其算法原理如图 3-4 所示。

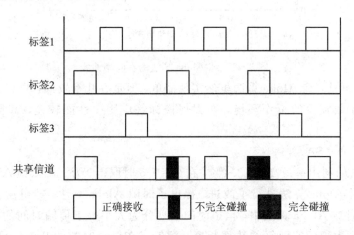

图 3-4 纯 Aloha 算法原理图

在数据通信中，吞吐率 S 是衡量数据有效传输效率的指标，即单位时间 t 内成功传送信息的标签数，它取决于交换设备的速度以及网络的带宽。在通信过程中，输入负载 G 也是衡量系统好坏的重要指标，G 代表单位时间 t 内标签的响应数量。

根据纯 Aloha 算法的背景，因为标签通信相互独立，所以到达的标签数服从泊松分布，则在某一 t 时间段内，同时有 k 个标签向阅读器发送信息的概率为

$$P\{X = k\} = \frac{(\lambda t)^k e^{-\lambda t}}{k!}, \ k \geqslant 0 \tag{3-1}$$

式中，λ 表示的是 t 时间内平均发送的消息数。根据 G 的定义，输入负载 G 为

$$G = \lambda t_0 \tag{3-2}$$

通过协议的分析，只有在 2 个单位时间 t 中没有其他标签同时发送信息时，单个标签才能成功发送信息，则在 $2t$ 时间内成功发送信息的概率 P 为

$$P = e^{-2G} \tag{3-3}$$

在此系统中，吞吐率为

$$S = GP = Ge^{-2G} \tag{3-4}$$

对上式中 G 求导，可得 S 的极值，即 $G=0.5$ 时，系统吞吐率达最大，约为 18.4%。纯 Aloha 算法的吞吐率曲线如图 3-5 所示。

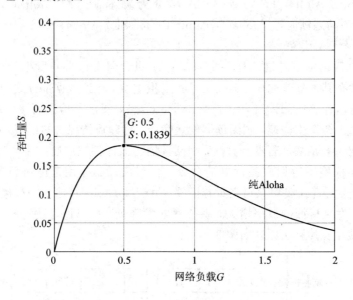

图 3-5 纯 Aloha 算法的吞吐率曲线

由图 3-5 可见，纯 Aloha 算法虽然实现简单，但是吞吐率较低，只有大约 18.4%，因此只适用于标签数较少的工作环境，在大规模标签应用中性能较差，甚至系统不能正常使用。

2）时隙 Aloha(SA)算法

Aloha 算法的利用率最高为 18.4%，在 $G=0.5$ 时取得。为了降低纯 Aloha 算法的碰撞概率，研究者对 Aloha 算法进行了改进，提出了时隙 Aloha 算法，改进后识别效率提高到了 36.8%。在时隙 Aloha 算法中，信道时间被划分为大小等于传输时间的统一的时隙，并且每个时隙长度大于标签回复的数据长度，标签仅在每个时隙的开头传输数据包。因此，在 SA 算法中必须进行同步。而同步是由阅读器提供的，可见，时隙 Aloha 算法是由阅读器驱动的 TDMA 过程。首先阅读器对其作用范围内的标签发送查询命令，所有标签随机选择一个时隙应答，并在时隙开始时刻向阅读器发送信息。阅读器接收应答信号，检查碰撞情况。每个时隙存在 3 种情况：

（1）没有标签应答：该时隙内没有标签发送数据，称为空时隙；

（2）只有一个标签应答：在该时隙内只有一个标签与阅读器通信，称为成功时隙；

（3）多个标签应答：在该时隙内有多个标签同时和阅读器通信，产生碰撞，称为碰

撞时隙。

　　阅读器发送指令给碰撞标签，标签重新随机选择时隙再次发送数据，直到成功识别所有的标签，结束本识别过程。在时隙 Aloha 算法中，消除了纯 Aloha 算法中的部分碰撞，算法效率比纯 Aloha 算法最大提高了一倍，故吞吐量最大可达到 36.8%。算法原理如图 3-6 所示。

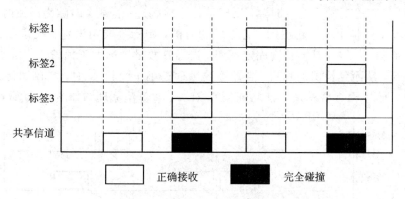

图 3-6　时隙 Aloha 算法原理图

　　在 SA 算法中，由于时隙划分从而消除了标签部分碰撞的情况，识别时间变为 T，为 PA 算法的一半。只要当前传输时隙内没有其他标签同时发送数据，那么标签即可被正确识别。在 T 时间内，标签成功发送数据的概率为

$$P = P(k = 0 \mid t = T) = e^{-\lambda T} = e^{-G} \tag{3-5}$$

则 SA 算法的吞吐率为

$$S = GP = Ge^{-G} \tag{3-6}$$

　　图 3-7 为对时隙 Aloha 算法和纯 Aloha 算法的吞吐率曲线进行对比。由图可以看出，随着负载 G 的增加，吞吐量 S 也持续增加直到达到最大值 36.8%，在 G 大于 1 时迅速下降。这是 SA 算法的主要缺点，系统不稳定且效率低下。但是相比纯 Aloha 算法，SA 系统的吞吐率提高了近一倍，可见 SA 算法的性能要明显优于 PA 算法。

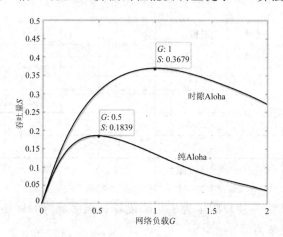

图 3-7　PA 和 SA 算法吞吐率曲线

3）基本帧时隙 Aloha(FSA)算法

FSA 算法是 SA 算法的一种改进，其中标签可以响应阅读器命令的时隙被组织为时间

帧，每个帧被划分为多个时隙(通常为 2 的整数次方)，每个时隙的长度足以使标签传输其数据。每个时隙的持续时间等于阅读器的两个 REQUEST 命令之间的时间。因此，FSA 的效率与 SA 相同。

FSA 算法中，阅读器首先告知标签帧长 N 的大小，随后标签在帧 1~N 内随机选择一个时隙应答。若某个时隙为空闲时隙，则阅读器直接跳过；若某个时隙为碰撞时隙，则发生碰撞的标签在下一帧中被重新识别；若为成功时隙，则标签成功识别。该算法适用于标签数量较多的情况，但因为其帧长度固定不变，当标签数量远远大于帧长 N 时，标签之间将产生大量碰撞，从而延长识别时间。当标签数量远远小于帧长 N 时，空闲时隙太多，造成时隙的浪费。所以 FSA 算法的性能与帧长 N 有关。其算法原理图如图 3-8 所示。

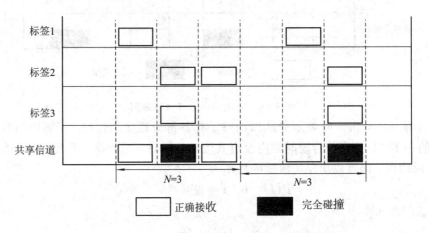

图 3-8 帧时隙 Aloha 算法原理图

一个典型的帧时隙 Aloha 算法例程识别过程如表 3-1 所示。

表 3-1 帧时隙 Aloha 算法例程识别过程

阅读器至标签	请求命令	时隙 1	时隙 2	时隙 3	请求	时隙 1	时隙 2	时隙 3
标签至阅读器		碰撞	碰撞	1101		1011	碰撞	1010
标签 1		1001						
标签 2			1010					1010
标签 3		1011				1011		
标签 4			1100				1100	
标签 5				1101				

一帧(总时隙数)

假定帧时隙 Aloha 算法的帧长固定为 N，阅读器识别区域内的标签数为 n，则某个时隙仅被一个标签选择的概率为

$$P_s = C_n^1 \left(\frac{1}{N}\right)\left(1-\frac{1}{N}\right)^{n-1} = \frac{n}{N}\left(1-\frac{1}{N}\right)^{n-1} \tag{3-7}$$

阅读器完成当前帧的查询后成功识别的标签数为 $n_s = N \cdot P_s$，因此

$$S_{\text{FSA}} = \frac{n_{\text{s}}}{N} = \frac{n}{N}\left(1 - \frac{1}{N}\right)^{n-1} \tag{3-8}$$

令 $\dfrac{\mathrm{d}(S_{\text{FSA}})}{\mathrm{d}n} = 0$，则

$$N = \frac{1}{1 - \mathrm{e}^{-\frac{1}{n}}} \approx \frac{1}{1 - \left(1 - \frac{1}{n}\right)} = n \tag{3-9}$$

由式(3-9)可知，当帧长与识别区域内的标签数目相近时，系统吞吐率达到最大值：

$$S = \lim_{x \to \infty} \frac{n}{N}\left(1 - \frac{1}{N}\right)^{n-1} = \lim_{n \to \infty}\left(1 - \frac{1}{n}\right)^{n-1} \approx 0.367\,88 \tag{3-10}$$

仿真分析 FSA 算法的吞吐率，仿真曲线如图 3-9 所示，帧长分别取 $N=16$、$N=32$、$N=64$、$N=128$ 和 $N=256$ 等，标签数量 n 取 $[0, 500]$，仿真曲线如图 3-9 所示。

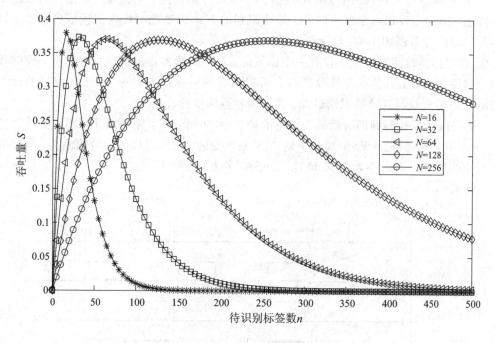

图 3-9　FSA 算法的吞吐率曲线

由仿真结果可知，FSA 算法的性能在负载 $G=1$，也即标签数量与帧长相同时达到最优，此时系统的吞吐率达到 36.8%。该算法适用于标签数量较多的情况，但因为帧的长度固定，当标签数量远大于帧长 N 时，标签会产生大量碰撞，从而使识别时间延长。当标签数量远小于帧长 N 时，空闲时隙太多，浪费大量时隙。因此，FSA 算法的关键是确定合适的帧长，从而使系统的效率达到最优。

4) 动态帧时隙 Aloha（DFSA）算法

DFSA 算法由 Schoute 首次在多用户通道环境中引入，并被证明可以将基本 FSA 算法的上限提高到 42.6%。

在基本 FSA 算法中，帧长 N 是一个固定值，一旦设置，就不能改变。这样会导致两种情况：当帧长设置过小（标签数量远大于帧长）时，将导致标签碰撞概率增加；当帧长设置过大（标签数量远小于帧长）时，会造成时隙的浪费。为此，研究者提出动态帧时隙 Aloha

(DFSA) 算法，该算法中帧长随着阅读器识别范围内标签数量的变化而增减，要么增加帧长以减少一帧中标签的冲突数量，要么减小帧长来避免不必要的时隙浪费。这样使得算法可以适应系统的变化，提高系统的识别效率。DFSA 算法识别标签的过程如下：

（1）阅读器将帧长设定为 N，即 N 个时隙构成一帧。

（2）标签接收到阅读器的查询指令后，在 0 到 $N-1$ 中随机选择一个时隙，同时将内部时隙计数器重置为 1。

（3）如果标签选择的时隙数等于自身的时隙计数器上的数字，标签响应阅读器并发送数据；如果不相等，则标签等待下一个指令进行应答。此时阅读器将会检测到三种情况：

① 阅读器检测到该时隙为空时隙则发送命令结束时隙。其他等待识别的标签接收到来自阅读器的下一条指令后，自动把自身的时隙计数器加 1，接着返回步骤（3）。

② 若阅读器检测到同时有多个标签在同一个时隙内响应，则会发生碰撞进而无法正确读取数据，阅读器发送命令结束时隙。等待识别的其他标签此时接收阅读器的指令，自动把自身的时隙计数器加 1，接着返回步骤（3）。

③ 当阅读器检测到时隙中仅有一个标签信息时，阅读器正确读取标签数据，同时发送下一个时隙的指令。其他标签接收到指令后把自身的时隙计数器加 1，正确识别的标签进入睡眠状态不再参与后续的识别过程。其他标签返回步骤（3）。

（4）当阅读器检测到的时隙数与设置的帧长度 N 相等时，循环终止，阅读器返回步骤（2），进入下一轮循环。DFSA 算法中帧长 N 是可变的，这样可以减少时隙浪费，也会降低标签碰撞的概率。当标签数量未知时，DFSA 算法有很好的优势。DFSA 算法原理如图 3-10 所示。

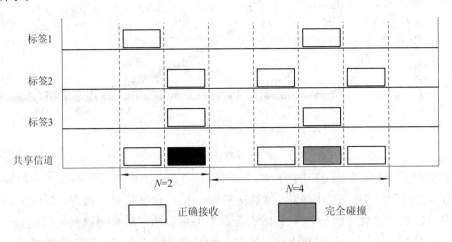

图 3-10 DFSA 算法原理图

DFSA 算法需要根据不同的标签数量来改变帧长，因此标签数量的估计成为该算法中关键的一环。DFSA 算法识别流程图如图 3-11 所示。

假设 s、e、c 分别表示成功时隙、空时隙以及碰撞时隙，则 DFSA 算法中某个时隙为 s、e、c 的概率分别为

$$P_s = \frac{n}{N} \left(1 - \frac{1}{N}\right)^{n-1} \tag{3-11}$$

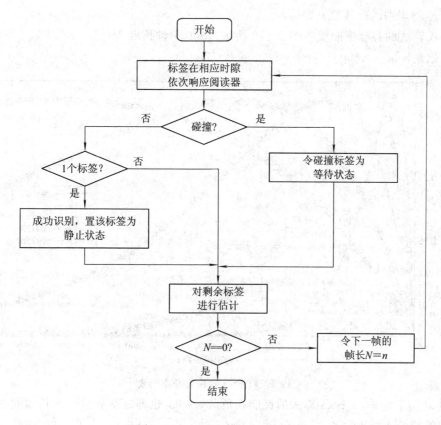

图 3-11　DFSA 算法识别流程图

$$P_e = \left(1 - \frac{1}{N}\right)^n \tag{3-12}$$

$$P_c = 1 - \left(1 - \frac{1}{N}\right)^n - \frac{n}{N}\left(1 - \frac{1}{N}\right)^{n-1} \tag{3-13}$$

故一帧中成功时隙、空闲时隙和碰撞时隙数目的数学期望分别为

$$E(s) = n\left(1 - \frac{1}{N}\right)^{n-1} \tag{3-14}$$

$$E(e) = N\left(1 - \frac{1}{N}\right)^n \tag{3-15}$$

$$E(c) = N - E(e) - E(s) \tag{3-16}$$

用成功时隙数与一帧中总时隙的比值 T 来表示该系统的吞吐量，则有

$$T = \frac{E(s)}{N} = \frac{n}{N}\left(1 - \frac{1}{N}\right)^{n-1} \tag{3-17}$$

对吞吐量 T 求关于 N 的一阶导数，可得 N 与 n 的关系，即

$$\frac{dT}{dN} = \frac{n(n-N)(N-1)^{n-2}}{N^{n+1}} = 0 \tag{3-18}$$

求解上述方程式，得 N 与 n 的关系式：

$$N = \frac{1}{1 - e^{-\frac{1}{n}}} \tag{3-19}$$

由上述分析可知，要使 DFSA 算法有较好的性能，只需动态地调整帧长 N 的大小，使其近似等于待识别的标签数 n 即可。

DFSA 算法的吞吐率曲线如图 3-12 所示。仿真中帧长取 $N=16$、32、64、128、256 几种，标签数量 n 取 $[0,300]$。

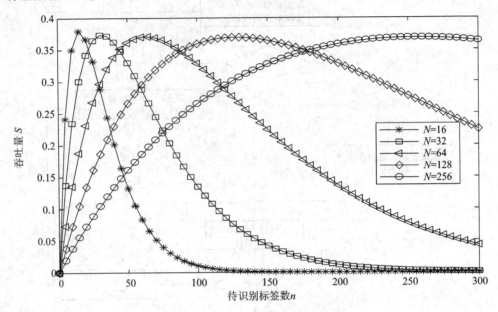

图 3-12 DFSA 算法吞吐率曲线

由仿真结果可知，DFSA 算法的性能在负载 $G=1$，也即标签数量与帧长相同时达到最优，此时系统的吞吐率达到 36.8%。

DFSA 算法不同帧长对应的成功识别时隙数曲线如图 3-13 所示。

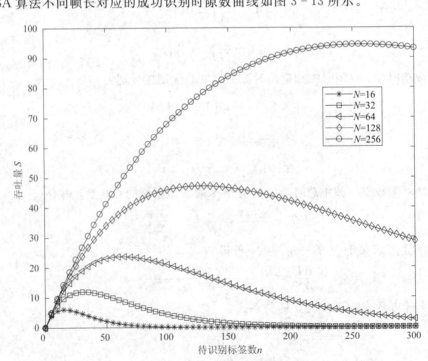

图 3-13 DFSA 算法中不同帧长对应的成功识别时隙数

由图 3 - 13 可知，当帧长较小（比如 $N=16$）时，随着标签数的增加，算法的成功时隙数依然很少，这是因为时隙内标签产生大量碰撞；当帧长较大（如帧长 $N=256$）时，算法的成功时隙数不断快速增加，但是会相应地增加系统的负载，同时当标签较少时会造成时隙的浪费，降低系统的性能。因此，选取合适的帧长，对于系统的性能和识别效率有着重要的影响。从前面分析可知，当帧长与待识别标签数量相同时，系统的吞吐率达到最大，成功识别的时隙数最多，而帧长的确定依赖于未识别的标签数目，所以，识别前对待识别标签数量的准确估计是 DFSA 算法的关键。

2. 基于二进制树搜索的标签防碰撞方法

常用的基于二进制树搜索的标签防碰撞算法主要有：查询树算法（Query Tree，QT）、二进制树搜索算法（Binary Tree Search，BTS）、后退式二进制树搜索算法（Backward Binary Tree Search，BBTS）和动态二进制树搜索算法（Dynamic Binary Search，DBS）等。

作为一种确定性的算法，基于二进制树的标签防碰撞算法采用曼彻斯特编码（Manchester code）来检测碰撞发生的具体位置，并且将碰撞位传送回阅读器。曼彻斯特编码中，位的值是由电平的改变来表示的，从低到高的电平改变记为"0"，从高到低的电平改变记为"1"，即下降沿用"1"表示，上升沿用"0"来表示。在数据信号的传输过程中，"无变化"的状态是不允许的，并且会被识别为错误。

如果有两个（或者多个）标签同时发送的数位有不同的值，则接收的上升沿和下降沿相互抵消，导致在整个持续时间内，阅读器收到的是不间断的副载波信号。在曼彻斯特编码中未对这种状态作出规定，从而导致错误。采用曼彻斯特编码可以确定该位发生了数据冲突，从而可以按位追溯跟踪碰撞的出现，方便对碰撞发生位进行进一步处理。

使用曼彻斯特编码识别标签碰撞位的原理如图 3 - 14 所示。标签 1 的编码为 10110010，标签 2 的编码为 10101010。标签 1 和标签 2 收到阅读器的指令后，同时向阅读器发送数据，如果两个标签的对应位置的数据相同，那么信号重叠后不发生改变，该位即可被阅读器识别；如果两个标签的对应位置数据不同，则两个信号相互抵消，阅读器无法识别该位置的状态，因此可以判断该位置发生了碰撞。

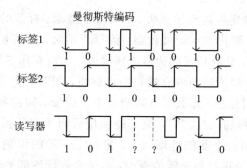

图 3 - 14　曼彻斯特编码原理图

除了必须使用曼彻斯特编码确定碰撞发生位，还需要一组命令来实现标签与阅读器之间的通信，如表 3 - 2 所示。

表 3-2　标签与阅读器之间的通信

命　　令	作　　用
Request(ID)	发送一个序列号作为参数给标签，标签把自己的 ID 与接收到的参数比较，若小于等于此参数，则发送自身数据给阅读器
Select(ID)	发送某给定 ID 给标签，具有相同 ID 号的标签响应，具有其他 ID 号的标签只应答 Request 指令
Read-Data	被选中的标签将自身存储的数据发送给阅读器
Un-Select	取消选定的标签，使该标签进入静默状态。处于该状态下的标签是非激活状态的，不响应后续的 Request 指令

1) 查询树算法

查询树（Query Tree，QT）算法是一种无记忆算法，标签只需要根据阅读器每次发送的查询前缀进行比较，与前缀相匹配的标签回送编号给阅读器。该算法首次引入栈来保存查询前缀，提高了查询效率。QT 算法的执行步骤如下：

（1）查询初始阶段，将一个空串压入栈中，阅读器发送空串，此时在识别范围内的所有标签响应。

（2）若发生碰撞，在上次发送的前缀后面分别加上"0"和"1"，形成两个新的查询前缀，并将两个新前缀压入栈中；若无碰撞，则有唯一标签被识别。

（3）若栈不为空，则出栈一个查询前缀，接收到查询命令后，与查询前缀相匹配的标签回送其剩余部分的编码；如果没有标签响应，则出现空周期，继续出栈一个查询前缀。

（4）重复上面（2）、（3）步骤，直到栈为空结束，此时所有标签得到识别。

QT 算法简单易行，对标签没有额外的存储要求，硬件成本低。但是 QT 算法受标签的分布方式影响较大。在 QT 算法中，没有预先判断标签碰撞发生的位置，对于查询前缀的更新较为机械，在识别过程中会产生大量的空闲周期。

2) 二进制树搜索（BTS）算法

作为一种最基本的确定性防碰撞算法，BTS 算法要求：标签的 ID 值小于或者等于阅读器发送的查询指令的值，则标签响应阅读器。读写开始时，阅读器首先发送长度为标签编码长度的全"1"查询指令，此时位于阅读器识别范围内的所有标签均响应阅读器。如果此时只有一个标签响应，那么阅读器即可直接识别该标签，说明此时没有碰撞发生。如果有两个以上的标签同时响应阅读器，那么可以判断发生了碰撞，阅读器通过曼彻斯特编码检测碰撞发生的位置，将碰撞最高位置"0"，最高碰撞位后面所有数据全部置"1"，最高碰撞位之前的数据保持不变得到一个新的查询指令，进行下一轮的识别。识别完成一个标签后，重新发送全"1"的查询指令进行新一轮的查询，直至全部标签都被识别完成，算法终止。

下面通过一个简单的例子来说明 BTS 算法的查询过程。假设有 4 个 ID 长度为 8 的标签 Tag1：10110010、Tag2：10100011、Tag3：10110011、Tag4：11100011，存在于阅读器的识别范围内。BTS 算法识别过程如表 3-3 所示。

表 3-3 BTS 算法实例

操作步骤	查询指令	响应标签	阅读器接收数据	结果
1	11111111	1：10110010 2：10100011 3：10110011 4：11100011	1X1X001X	碰撞
2	101X001X	1：10110010 2：10100011 3：10110011	101X001X	碰撞
3	1010001X	2：10100011	10100011	识别标签 2
4	11111111	1：10110010 3：10110011 4：11100011	1X1X001X	碰撞
5	101X001X	1：10110010 3：10110011	101X001X	碰撞
6	1010001X	无	1010001X	空
7	1011001X	1：10110011 3：10110011	1011001X	碰撞
8	10110010	1：10110011	10110010	识别标签 1
9	11111111	3：10110011 4：11100011	1X1X001X	碰撞
10	101X001X	3：10110011	10110011	识别标签 3
11	11111111	4：11100011	11100011	识别标签 4

分析 BTS 算法可知，当标签数量增加时，阅读器的查询次数相应的增加。若存在 N 个待识别标签，那么成功识别一个标签的次数为

$$Q_{BTS} = lbN + 1 \tag{3-20}$$

则识别 N 个标签需要的查询次数为

$$Q_{BTS}(N) = \sum_{i=1}^{N} (lbi + 1) = lbN! + N \tag{3-21}$$

假设标签序列长度为 L，BTS 算法中阅读器发送的查询序列长度也是 L，那么一次查询过程中阅读器与标签共传输 $2L$ 数据，BTS 算法在系统中的数据传输量 G 为

$$G_{BTS} = 2L \cdot Q_{BTS}(N) = 2L \cdot (lbN! + N) \tag{3-22}$$

该算法具有较高的稳定性，但当标签数量很大时，标签 ID 长度增大，识别时间随之增长。所以当标签数量达到一定门限值时，该算法就不是最优算法。

3）动态二进制树（DBTS）搜索算法

在 BTS 算法中，阅读器每次查询命令时都与标签序列等长，而碰撞位之后的序列并没

有参与比较，造成了识别算法冗余。在大规模标签分布场景中，BTS 算法的资源浪费更加明显。因此，研究者提出了动态二进制树搜索算法（Dynamic Binary Tree Search，DBTS）。在 DBTS 算法中，每次查询仅将碰撞位及其之前的序列进行匹配，返回时仅将碰撞位之后的序列返回。DBTS 算法的基本原理就是去掉 BTS 算法传输过程中所传输的这部分不必要的冗余，提高算法效率。

DBTS 算法分析查询过程如下：

识别开始时，阅读器首先发送一个所有位均为 1 的曼彻斯特编码指令 Request；阅读器识别范围内的标签接到来自阅读器的指令时，所有 ID<Request 的标签响应阅读器的命令，将自身 ID 发送给阅读器；阅读器检测碰撞位后，将最高碰撞位置"0"，形成一个新的查询指令，依次循环进行识别；同时阅读器发送指令给成功识别的标签，使其不再参与识别过程。重复以上过程，直至所有标签都被识别，结束算法。

下面仍以 BTS 算法给出的实例来描述 DBTS 的执行过程，如表 3-4 所示。

表 3-4　DBTS 算法实例

操作步骤	查询指令	响应标签	阅读器接收数据	识别结果
1	11111111	1、2、3、4	1X1X001X	碰撞
2	10	1、2、3	101X001X	碰撞
3	1010	2	10100011	识别标签 2
4	11111111	1、3、4	1X1X001X	碰撞
5	10	1、3	1011001X	碰撞
6	10110010	1	10110010	识别标签 1
7	11111111	3、4	1X110011	碰撞
8	10	3	10110011	识别标签 3
9	11111111	4	11100011	识别标签 4

由 DBTS 算法的原理可知，DBTS 算法识别所有标签所需总的查询次数和 BTS 相同，即

$$Q_{DBTS}(N) = lbN! + N \qquad (3-23)$$

DBTS 算法去除了上行链路和下行链路互补的序列号，将 BTS 算法中的通信量降低了一半，则在整个 DBTS 算法识别过程中产生的总通信量为

$$G_{DBTS} = \frac{1}{2}G_{BTS} = L \cdot (lbN! + N) \qquad (3-24)$$

由以上分析可知，DBTS 算法的数据传输量比 BTS 算法减少 50%，可以明显改善系统浪费，同时减少数据冗余。

4）后退式二进制树搜索算法

通过上述分析可知，DBTS 算法虽然在信息传输量上有所降低，但是没有减少阅读器识别所有标签所需的问询次数。所以研究者提出了针对降低阅读器问询次数的算法，即后退式二进制树搜索算法。该算法采用后退搜索和前向搜索相结合的方式，在识别出一个标签后，不返回根节点重新搜索，而是返回到上一层节点即父节点继续搜索。后退式二进制

树搜索算法在二进制树搜索算法的基础上记录了上一次的 Request 命令，根据上次的 Request 命令获取本次需要的 Request 命令参数。该算法降低了阅读器的问询次数，从而减少了阅读器的搜索时间。

后退式二进制树搜索算法的流程如图 3-15 所示。

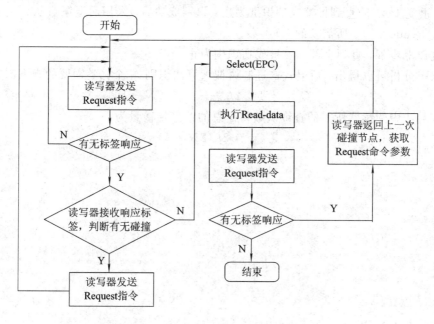

图 3-15　后退式二进制树搜索算法的流程

继续以 BTS 算法给出的实例来描述后退式二进制树搜索算法的执行过程，如表 3-5 所示。

表 3-5　后退式二进制树搜索算法实现过程

操作步骤	查询指令	响应标签	阅读器接收数据	识别结果
1	11111111	A：10110010 B：11100010 C：10110011 D：11100011	1X1X001X	碰撞
2	10101111	A：10110010 C：10110010	1011001X	碰撞
3	10110010	A：10110010	10110010	识别标签 A
4	10110011	C：10110011	10110011	识别标签 C
5	11111111	B：11100010 D：11100011	1110001X	碰撞
6	11100010	B：	11100010	识别标签 B
7	11111111	D：	11100011	识别标签 D

由此可以得到后退式二进制树搜索算法的一般步骤：

(1) 阅读器发送全"1"的 Request 指令，识别范围内所有标签响应；

(2) 阅读器检测有无碰撞发生，并且找出最高碰撞位；

(3) 将检测到的碰撞位最高位置"0"，低于该位的全部置"1"，高于该位的保持不变，得到下一次的 Request 指令所需要的 ID 参数；

(4) 重复步骤(3)直到标签成功识别为止，识别成功后，采用后退策略从其父节点下获得下一次 Request 指令所需要的 ID 参数；

重复以上步骤，直到全部标签被成功识别为止。

由以上分析可以得出，后退式二进制树搜索算法识别 N 个标签需要的查询次数为

$$Q_{back} = 1 + 2(N-1) = 2N - 1 \qquad (3-25)$$

由该算法中阅读器所需的查询次数得出总的信息传输量为

$$G_{back} = 2L(2N-1) \qquad (3-26)$$

第 *4* 章
基于非线性估计的标签防碰撞方法

4.1　概　述

随着物联网技术在工商业各领域应用的不断扩展,作为物联网核心技术的 RFID 技术得到了前所未有的发展,尤其在超市自动收银、物流、仓储、血液管理、农产品质量追溯等方面具有广阔的应用前景。在这些应用中,一个明显的特点就是标签数量大、要求在移动中快速准确地批量识别标签。在 RFID 系统中,阅读器和电子标签之间通常采用 ASK 调制方式的数字通信技术,该技术属于幅度调制技术,通信速率较低,相对于目前高速无线通信领域常采用的 FSK 和 PSK 调制而言,ASK 调制对多普勒频移不甚敏感,所以物理层本质上能够支持较高速度的移动通信,满足移动识别的要求。

但是,由于电子标签成本控制的原因,目前在各领域普遍采用无源被动式电子标签。标签之间没有通信链路,当标签向阅读器回传信息时,标签之间不具有协作机制,有可能出现多个标签同时向阅读器发送信息的情况,引发标签冲突,导致信息回传失败。这就是RFID 领域的标签碰撞问题。RFID 标签碰撞问题是影响标签批量识别效率的关键因素,很大程度上制约了 RFID 技术的推广使用。

因此,RFID 标签碰撞问题近年来引起了研究者的高度重视,相继出现了大量 RFID 标签防碰撞方法。归纳起来,RFID 标签防碰撞算法有 Aloha 算法、基于二进制树搜索的算法和混合算法等三种。在 RFID 的大多数应用领域,标签数量大,基于二进制树搜索的算法延迟太大,不能满足移动中快速识别的要求,因而普遍采用 Aloha 算法。Aloha 算法是一种随机型防碰撞算法,由标签驱动,每个标签随机地选择一个时间点进行传输,这种算法实现简单,成本低。Aloha 算法分为纯 Aloha(Pure Aloha,PA)、时序 Aloha(Slot Aloha,SA)、帧时序 Aloha(Frame Slot Aloha,FSA)等,FSA 又分为基本帧时序 Aloha(Basic Frame Slot Aloha,BFSA)和动态帧时序 Aloha(Dynamic Frame Slot Aloha,DFSA)。

EPCglobal_C1 G2 协议标准(简称 EPC_C1 G2 标准)采用 DFSA 方法防标签碰撞,该标准按照标签响应情况采用自动 Q 算法实现帧长度的调整。Q 为整数,用来指示标签产生随机数的范围,Q_{fp} 为浮点数,是 Q 的精确值,Q 是最接近 Q_{fp} 的整数。EPC_C1 G2 标准采用非等长帧,相对于固定帧长度的方法,有效提高了识别效率。此外,该算法根据当前帧的识别时隙数、空时隙数和碰撞时隙数决定是否终止当前帧，开启新的帧识别，显著降低了空时隙数和碰撞时隙数，进一步提高了识别效率。然而，这种方法并没有完全杜绝空时隙的产生，浪费了时序资源，尤其在标签数量大的应用环境里，全局吞吐量不高导致识别延迟尤为明显，进而不可避免地会增加移动环境下标签漏读率。

针对上述问题，本章提出了一种基于有效时隙数估计初始标签数的自适应动态调整帧时隙数的 Aloha 标签防碰撞方法。

4.2　NTEBD 方法

本章对传统的 DFSA 标签防碰撞方法进行改进，提出了一种自适应动态调整帧时隙数的 Aloha 标签防碰撞方法。该方法仅需统计当前识别的有效时隙数，将有效时隙数作为已知量，采用求解非线性超越方程的方法估计初始标签总数 $\hat{n}$，进而获得剩余标签数的估计值，据此实现自适应动态调整识别帧长度。本书将该方法命名为 NTEBD（Nonlinear Transcendental Equation Based DFSA）方法。NTEBD 方法识别过程采用阅读器控制，由阅读器发送识别命令，标签响应命令并根据命令状态机的状态进行相应的动作。

4.2.1　基本定义

【定义 1】　识别周期是指对阅读器覆盖范围内的所有标签进行一次完整的识别过程，每个标签必须识别且仅识别一次。

【定义 2】　识别帧（Frame）是阅读器定义的一段时间长度，包含若干个时隙（Slot），电子标签在每个帧内随机选择一个时隙发送数据。一个识别周期由多个帧组成，本章提出的 NTEBD 算法中，下一帧的长度（包含的时隙数）根据本帧识别后剩余标签数量估计值自适应动态调整，以达到最佳的识别效率。

【定义 3】　识别时隙（Slot）指标签响应阅读器的时间片断，标签采用同步应答方式，即每个标签只能在时隙起始时刻向阅读器应答，起始时刻的确定是从收到阅读器命令以后延迟一定时间来计算的。

【定义 4】　全局吞吐量定义为一个识别周期内全部被识别标签传输信息所占用的时间长度与所消耗的所有时隙的时间长度总和之比。

4.2.2　命令定义

参考 EPC_C1 G2 标准，类似地定义 NTEBD 防碰撞方法需要使用的 5 个命令。

（1）Query（Q）命令（必须）。阅读器向所有标签广播 Query（Q）命令，该命令作为开启一个识别周期的第一条命令，以固定值 Q（或者由用户设定）作为参数。所有标签收到此命令后进入活动状态，假设待识别电子标签总数为 n，标签收到命令后，利用随机数产生器在 $1\sim Q$ 范围内产生一个随机数 $r_i(i=1,2,\cdots,n)$，作为预分配期望时隙号，该随机数在 $1\sim Q$ 范围内服从均匀分配，并将此随机数保存以备后续处理过程中使用。

（2）ReadID 命令（必须）。读标签的 16 位唯一识别码 TID 命令，标签收到 ReadID 命令后将随机数 r_i 减 1，如果等于 0，则发送 TID 信息；如果不等于 0，则等待下一次 ReadID 命令到来继续进行减 1 操作，直到随机数等于 0，从而实现 TID 的发送。

（3）ReadData(TID)命令（可选）。如果除了 TID 以外，还需要读取标签内保存的其他数据，则需要使用 ReadData 命令，该命令跟随在 ReadID 命令之后，并且只有正确识别了标签的 TID 之后才能发送 ReadID 命令进一步读取标签存储的有效载荷数据。

标签发送 TID 之后，如果收到与本地节点相同 TID 的 ReadData(TID)命令，则进一步向阅读器回传预先约定的数据。

（4）ACK(TID)命令。阅读器与标签完成数据交换之后，向标签发送 ACK(TID)确认命令，标签收到 ACK(TID)命令，并且比对所接收的 TID 与本地存储的 TID，如果相同，则进入周期静默状态，在本识别周期内不再响应阅读器其他指令，直到收到 Query(Q)命令开始新的识别周期。

（5）Frame(Q)命令。在一个识别周期内，除了用 Query(Q)命令开启一个识别周期的初始识别帧以外，均用 Frame(Q)命令开启一帧的识别。Q 参数为本帧识别前的标签估计总数减去本帧实际识别的标签数，作为下一帧待识别标签数，所以新一帧的帧长设为 Q，以实现最优化识别效率。

4.2.3　处理流程

具体处理流程如下：

（1）由阅读器广播 Query(Q)命令开启一个识别周期；

（2）所有收到 Query(Q)命令的标签利用随机数产生器产生一个随机数 r_i；

（3）广播 Query(Q)（或者 Frame(Q_i)）命令并经过一定时间延迟之后，阅读器广播 ReadID 命令，每广播一次帧长计数器减 1，直到等于 0 即认为完成本帧所有时隙读取，利用 Frame(Q)命令开启新的识别帧；

（4）收到 ReadID 命令后，电子标签将 r_i 的值进行减 1 运算，结果等于 0 的标签响应阅读器，发送 TID，结果不等于 0 的标签等待；

（5）阅读器接收标签响应，如果完整接收到单一标签的 TID，则根据协议约定必要情况下继续完成标签的后续数据交换，转（6）；如果在时隙开始未接收到任何标签响应，或者利用曼彻斯特编码方式发现标签碰撞，则立即结束本时隙，转（3）；

（6）向已完成数据交换的标签发送 ACK(TID)命令，标签收到 ACK(TID)命令则进入周期静默状态；

（7）完成第一帧所有时隙的识别之后，在开启新一帧识别之前，阅读器需要根据第一帧统计的有效时隙数估计初始标签总数 $\hat{n}$（估计算法见 2.5 节），再减去第一帧有效时隙数作为新一帧的时隙数 Q_i，广播 Frame(Q_i)命令，转（3）。

标签在发送 TID 之后直到收到新一条 ReadID 命令为止并未收到 ACK(TID)命令，则说明之前发送的 TID 发生了碰撞，转入帧静默状态，即在本识别帧内不再响应 ReadID 命令，直到收到 Frame(Q)命令再转入活动状态。

4.2.4　状态转换机

NTEBD 标签防碰撞方法的标签状态转换机如图 4-1 所示，阅读器命令转换机如图 4-2 所示。

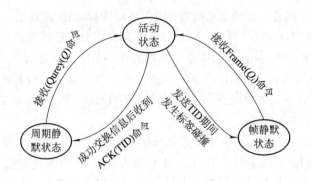

图 4-1 标签状态转换机

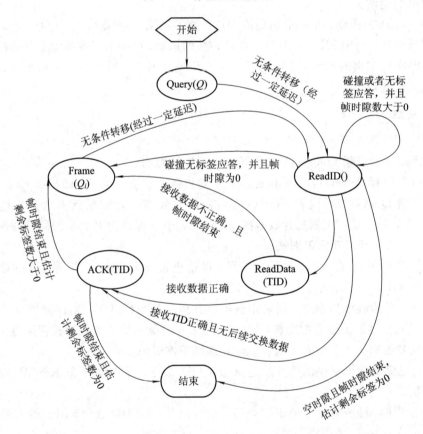

图 4-2 阅读器命令转换机

标签由于受成本、功耗等限制，处理能力一般较弱，为此，NTEBD 算法为标签设计了较为简单的状态转换机，只有三个状态，其转换逻辑也较为简单。从活动状态开始，如果发送 TID 期间发生了标签碰撞，则转移到帧静默状态；相反，如果成功发送了 TID 信息并成功完成后续信息（如果有）交换，并收到 ACK（TID）命令，则转移到周期静默状态。帧静默状态和周期静默状态分别在接收到 Frame(Q_i) 命令和 Query(Q) 命令后转移到活动状态。

相比电子标签，阅读器处理能力要强许多，所以设计了较为复杂的命令转换机以完成全面的处理算法。5 个命令中，Qurey(Q) 和 Frame(Q_i) 命令都是无条件转移到 ReadID 命令，即无论开启新的识别周期还是开启新的识别帧，经过一定延迟（保证标签有足够时间进行生成随机数等处理)后都将广播 ReadID 命令,进行标签读取操作。其余三个命令都要根据收到的标签应答情况转移到不同的命令操作,其中 ReadID 命令转移最为复杂,有 5 个转移方向,ACK(TID)命令和 ReadData(TID)均有两个转移方向。

4.2.5 初始标签数估计

初始标签数的估计在 NTEBD 标签防碰撞算法中起着至关重要的作用,估计的精度将直接影响到整个识别周期的识别效率。如果估计标签数远大于实际标签数,则后续每帧调整的 Q 参数将大于实际待识别标签数,导致空闲时隙增加,浪费时隙资源,进而降低识别效率。相反,如果估计标签数远小于实际标签数,则后续帧长调整时 Q 参数将会小于待识别标签数,导致碰撞概率增加,同样会降低识别效率。近年来,国内外学者根据不同应用背景提出了大量的标签估计算法,较为有代表性的有最大似然估计方法,例如 Schoute 算法、Vogt 算法等,以及概率分布法,例如 Floerkemeier 算法等。本节介绍一种全新的更为简洁、精度更高的估计算法,其思想是在一个识别周期内,只在第一识别帧利用统计方法,通过有效识别时隙数解非线性超越方程得到初始标签数的估计 $\hat{n}$,在此基础上减去本帧有效识别标签数即可方便地获得第二帧待识别标签数。此后每一帧均以当前帧待识别标签估计数减去本帧实际有效识别标签作为下一帧的待识别标签数,并将帧长度设为待识别标签数,实现最优识别。关于标签数的设置依据将在后文详述。

在接收到 Query(Q)命令后,每个标签生成随机数 r_i,假设标签选择时隙的概率服从均匀分布(这个假设符合大多数应用环境),则某个标签选择 Q 个时隙中任意时隙的概率为

$$p = \frac{1}{Q} \qquad (4-1)$$

进一步,某个特定时隙 $r_i(i=1,2,3,\cdots,Q)$,仅有一个标签选择,而其余标签均未选择该时隙的概率为

$$p_1 = \frac{1}{Q}\left(1 - \frac{1}{Q}\right)^{n-1} \qquad (4-2)$$

在第一帧识别过程中,有且仅有一个标签选择 $r_i(i=1,2,3,\cdots,Q)$ 的行为标记为有效时隙,其概率为 p_1,那么考察全部 n 个标签,Q 个时隙中有 Q_e 个时隙被标记为有效时隙的期望值(也即有效识别标签数,在第一帧内将会被正确识别)为

$$Q_e = \frac{n}{Q}\left(1 - \frac{1}{Q}\right)^{n-1} Q = n\left(1 - \frac{1}{Q}\right)^{n-1} \qquad (4-3)$$

当识别结束后,Q_e 可以利用统计得到的有效识别标签数 IdN 代替,进而可以求出原有标签数 n 的估值 $\hat{n}$。这里通过蒙特卡罗仿真与式(4-3)进行对比,考察 Q_e 与 IdN 的近似程度。仿真参数:时隙总数 $Q=2000$,标签总数 n 从 10 到 5000 变化,步进为 10。蒙特卡罗仿真实现方法为:对于每一个 n 值,标签 1 到 n 各产生一个随机数 $AS_i(i=1,2,3,\cdots,n)\in[1,Q]$,表示第 i 个标签期在 AS_i 时隙发送标签识别号 TID。统计其中有效时隙数,即如果 $AS_i=AS_j(i\neq j)$,则 AS_i 为碰撞时隙,只有对任意 $j\in[1,n]$,当 $j\neq i$ 时均有 $AS_i\neq AS_j$,才将 AS_i 统计为有效时隙。仿真结果如图 4-3(a)所示。此外,为了研究识别效率扰动情况,对蒙特卡罗仿真试验进行 100 次试验求平均差,并除以识别效率作为相对平均差,试验结果如图 4-3(b)所示。相对平均差定义为

$$Q_{Ti} = \frac{1}{NQ_{ei}} \sum_{j=1}^{N} |IdN_{j,i} - Q_{ei}| \qquad (4-4)$$

其中 $i=1,2,\cdots,Q$，N 为试验次数，本仿真中取 $N=100$。

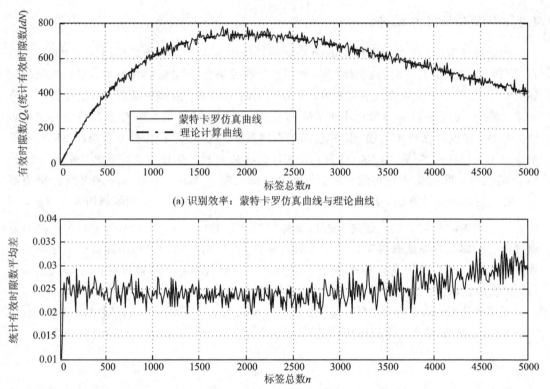

(a) 识别效率：蒙特卡罗仿真曲线与理论曲线

(b) 识别效率平均抖动量仿真曲线(100次试验相对平均差)

图 4-3　有效时隙数仿真曲线($Q=2000$)

由图 4-3(a)可以看出，蒙特卡罗仿真曲线虽然有振荡，但在 Q 值一定的情况下有效时隙数随标签总数 n 的变化趋势与理论曲线是一致的。有效时隙数与识别效率相对应，在帧长度一定的情况下，有效时隙数越多，则一次识别的效率越高；反之，有效时隙数越少，则一次识别的效率越低。图 4-3(a)显示对于固定的帧长度(图中仿真参数取 $Q=2000$)，存在最优的标签总数 n，使识别效率达到最高，这个最优值出现在 2000 附近，即大约等于帧长度 Q 值，对应的最佳识别效率为 736，相对识别效率(吞吐量)为 $736/2000=0.368$。对式(4-3)求一阶导数并令导数等于 0 求极值点解得

$$n = -\frac{1}{\ln\left(1-\frac{1}{Q}\right)} \qquad (4-5)$$

利用对数的泰勒级数将式(4-5)分母展开，当 Q 远大于 1 时可以求得 Q 的近似值为 n，即当待识别标签数与帧长度 Q 值相等时，效率达到最优。这与众多研究得出的结论相符。因此，给我们提供了一种利用本次正确识别的标签数估计识别之前标签总数的方法，利用 IdN 代替 Q_e，根据式(4-3)可以求出 n 的估值 $\hat{n}$。式(4-3)为非线性超越方程，不易得到解析解，本章利用迭代方法求其数值解。从图 4-3(a)可知，对于给定的 Q_e，$\hat{n}$ 值只有为最

优值时，处于曲线的最大值处，式(4-3)有唯一解，否则一般将会有两个解，分别位于最优值两边。根据图4-3(b)，有效时隙数100次试验的相对平均差小于0.03，所以统计值如果大于识别最优值的97%，则无需求解方程直接认为识别前标签总数等于时隙数，即$\hat{n}=Q$，否则需要通过求解超越方程获得识别前标签总数的估计。假设最优标签识别数为Q_{eopt}，则$97\%Q_{\text{eopt}}=0.368\times0.95Q\approx0.36Q$，所以标签估计$\hat{n}$为

$$\hat{n}=\begin{cases}Q, & IdN>0.36Q \\ n_{\text{S}} \text{ 或 } n_{\text{B}}, & \text{其他}\end{cases} \tag{4-6}$$

式中，n_{S}代表小于最优值的根，n_{B}代表大于最优值的根。

为方便求解方程，将式(4-3)中的自然数n用实数x代替，求解后再取整得到$\hat{n}$。令

$$f(x)=Q_{\text{e}}-x\left(1-\frac{1}{Q}\right)^{x-1} \tag{4-7}$$

有多种方法可以求解式(4-7)，本文给出二分法、试位法、牛顿法和弦截法等四种方法。

1) 二分迭代法(Bolzano Iteration Method，BIM)

二分法也称为Bolzano法，是一种增量搜索方法，采用二等分区间的方法。显然当$Q>1$时式(4-7)连续，如果存在x_l和x_u使得函数$f(x_l)\cdot f(x_u)<0$，则必然存在$x\in[x_l,x_u]$，使$f(x)=0$。取上下界的中点，继续比较，如果中点处的函数值与$f(x_l)$异号，则用中点值代替x_u，反之则用中点值代替x_l，重复迭代直到精度满足要求为止，此时可用中点值作为函数的近似解。

具体算法如下：

(1) 确定下界x_l和上界x_u，函数有两个根，需要分别确定。对于小于最优值的解x_{S}，由图4-3(a)看出$f(1)<f(x_{\text{S}})<f(Q)$，所以选择$x_{\text{S},l}=1$，$x_{\text{S},u}=Q$。对于大于最优值的解$x_{\text{B}}$，下界$x_{\text{B},l}=Q$，由于大于最优值以后识别效率随着标签数$n$的增加下降比较缓慢，确定上界的通用方法比较困难，需要根据实际应用环境确定，本章仿真中设$x_{\text{B},u}=5Q$。

(2) 计算中值，令$x=(x_l+x_u)/2$。

(3) 计算并比较函数值，如果$f(x_l)\cdot f(x)<0$，则$x_u=x$，转(2)；反之，如果$f(x_u)\cdot f(x)<0$，则$x_u=x$，转(2)。

(4) 终止条件，如果$f(x_l)\cdot f(x)=0$，或者$|x_l-x_u|<\varepsilon_{\text{Th}}$，$\varepsilon_{\text{Th}}$为门限，由所需的精度确定。

2) 试位迭代法(False-position Iteration Method，FIM)

二分法没有考虑函数值的大小，试位法(或者拉丁文中称为Regula falsi)利用相似三角公式得

$$\frac{f(x_l)}{x-x_l}=\frac{f(x_u)}{x-x_u} \tag{4-8}$$

经过变形得到

$$x=x_u-\frac{f(x_u)(x_l-x_u)}{f(x_l)-f(x_u)} \tag{4-9}$$

下界 x_l 和上界 x_u 的确定方法与二分法相同，算法步骤和迭代终止条件也与二分法类似。

3）牛顿迭代法（NIM，Newton Iteration Method）

对式（4-7）$f(x)$ 求导得

$$f'(x) = -\left(1-\frac{1}{Q}\right)^{x-1} - x\left(1-\frac{1}{Q}\right)^{x-1}\ln\left(1-\frac{1}{Q}\right) \qquad (4-10)$$

显然，当 $Q>1$ 时式（4-10）连续，可以利用牛顿法求解。将 $f(x)$ 按泰勒级数展开如下：

$$f(x_{i+1}) = f(x_i) + f'(x_i)(x_{i+1}-x_i) + \frac{f''(\xi)}{2!}(x_{i+1}-x_i) \qquad (4-11)$$

其中，ξ 在 x_i 和 x_{i+1} 之间。

将含有二阶导数的项省略，并令 $f(x_{i+1})=0$ 得到

$$x_{i+1} = x_i - \frac{f(x_i)}{f'(x_i)} \qquad (4-12)$$

将式（4-7）和式（4-10）代入式（4-12）得

$$x_{i+1} = x_i - \frac{Q_e - x_i\left(1-\frac{1}{Q}\right)^{x_i-1}}{-\left(1-\frac{1}{Q}\right)^{x_i-1} - x_i\left(1-\frac{1}{Q}\right)^{x_i-1}\ln\left(1-\frac{1}{Q}\right)} \qquad (4-13)$$

由图 4-3(a) 知，当初始根接近最优值（仿真中 $n=Q=2000$）时识别效率达到最大值，斜率接近 0，式（4-13）迭代会出现发散或产生振荡。为避免出现这种情况，初始值选取应尽量远离最优值。另一方面，初始值取值过小有可能远离真实根，导致迭代次数增加。可以中间值作为初始值，例如，求小于最优值得根 x_S 时取初始值 $x_{S,0}=0.5Q$，而求大于最优值得根 x_B 时取 $x_{B,0}=0.15Q$。

有了初始值和迭代公式，即可进行迭代运算，当相邻两次迭代值相差足够小时即可终止迭代，取当前根的整数值作为 $\hat{n}$。即当满足

$$\left|\frac{x_{i+1}-x_i}{x_{i+1}}\right| = \left|\frac{\dfrac{Q_e - x_i\left(1-\frac{1}{Q}\right)^{x_i-1}}{-\left(1-\frac{1}{Q}\right)^{x_i-1} - x_i\ln\left(1-\frac{1}{Q}\right)\left(1-\frac{1}{Q}\right)^{x_i-1}}}{x_i - \dfrac{Q_e - x_i\left(1-\frac{1}{Q}\right)^{x_i-1}}{-\left(1-\frac{1}{Q}\right)^{x_i-1} - x_i\left(1-\frac{1}{Q}\right)^{x_i-1}\ln\left(1-\frac{1}{Q}\right)}}\right| < \varepsilon_{Th} \quad (4-14)$$

时停止迭代，取 $\hat{n}=[x_{i+1}]$，其中[]表示取整符号。

4）弦截迭代法（Secant Iteration Method，SIM）

弦截迭代公式为

$$x_{i+1} = x_i - \frac{x_i-x_{i-1}}{f(x_i)-f(x_{i-1})}f(x_i) \qquad (4-15)$$

将式（4-7）代入式（4-15）得

$$x_{i+1} = x_i - \frac{x_i-x_{i-1}}{x_{i-1}\left(1-\frac{1}{Q}\right)^{x_{i-1}-1} - x_i\left(1-\frac{1}{Q}\right)^{x_i-1}}\left(Q_e - x_i\left(1-\frac{1}{Q}\right)^{x_i-1}\right) \qquad (4-16)$$

弦截法虽然需要两个初始值，但并不要求两个初始值符号相反，很容易获得。对于小于最优值的求解，可以假设 $x_{S,0}=0.3Q$，$x_{S,1}=0.6Q$，而求解大于最优值的初始值，可以假设 $x_{B,0}=1.3Q$，$x_{B,1}=1.6Q$。

以上算法中 Q 和 Q_e 均为已知量，Q_e 用统计获得的 IdN 代替。牛顿法只需要一个初始值。

表 4-1、表 4-2 为四种迭代算法在帧时隙长度 $Q=2000$，初始待识别标签数 $n=1600$ 时，按照 NTEBD 算法对初始标签数进行估计的试验结果，其中表 4-1 为小于最优值的估计结果，表 4-2 为大于最优值的估计结果。其余仿真参数为：二分法（BIM）初始值 $x_{S,l}=1$，$x_{S,u}=2000$，$x_{B,l}=2000$，$x_{B,u}=10\ 000$；试位法（FIM）初始值 $x_{S,l}=1$，$x_{S,u}=2000$，$x_{B,l}=2000$，$x_{B,u}=10\ 000$；牛顿法（NIM）初始值 $x_{S,0}=1000$，$x_{B,0}=3000$；弦截法（SIM）初始值 $x_{S,0}=600$，$x_{S,1}=1200$，$x_{B,0}=2600$，$x_{B,1}=3200$。仿真试验第一帧成功识别了 716 个标签，即 $Q_e=IdN=716$，根据图 4-3(a)所示，式(4-3)存在两个根分别位于最优值 $n=2000$ 的两边，根据图 4-3(a)查得 $IdN=716$ 所对应的小于和大于最优值的 n 的理论值分别为 1566 和 2505。表 4-1 所示小于最优值的四种算法估计结果分别是：BIM 算法为 1568 个标签，FIM 为 1572 个，NIM 为 1567 个，SIM 为 1567 个。因此四种算法解非线性超越方程误差分别为 2、6、1、1，相对误差分别 0.13%、1.06%、0.064%、0.064%。表 4-2 所示为大于最优值的四种算法，估计结果分别是：BIM 为 2504 个标签，FIM 为 2505 个，NIM 为 2506 个，SIM 为 2506 个。四种算法解非线性超越方程误差分别为 1、0、1、1，相对误差分别为 0.039%、0、0.039% 和 0.039%。

表 4-1　小于最优值的标签估计试验（$Q=2000$，$n=1600$，$IdN=716$）

序号	BIM		FIM			NIM	SIM
1	1001	1571(8)	1946	1672(8)	1588(15)	1000	1000
2	1500	1567(9)	1894	1652(9)	1583(16)	1360	1311
3	1750	1569(10)	1845	1635(10)	1580(17)	1525	1458
4	1625	1568(11)	1801	1621(11)	1577(18)	1564	1539
5	1563	—	1761	1610(12)	1575(19)	1567	1563
6	1594	—	1727	1601(13)	1573(20)	—	1567
7	1578	—	1697	1694(14)	1572(21)	—	—
次数	11		21			5	6

表 4-2　大于最优值的标签估计试验（$Q=2000$，$n=1600$，$IdN=716$）

序号	BIM		FIM	NIM	SIM
1	6000	2563(7)	2239	3000	3000
2	4000	2531(8)	2415	2583	2559
3	3000	2516(9)	2486	2509	2517
4	2500	2508(10)	2502	2506	2506
5	2750	2504(11)	2505	—	—
6	6000	—	—	—	—
次数	11		5	4	4

最终的估计误差除了解非线性超越方程产生的误差，还包含有效标签数 IdN 试验误差。因为大于最优值的根不符合实际，为假根，所以在解决根模糊的前提下，试验结果应为小于最优值的根，其综合误差分别为 32、28、33、33，相对于 $n=1600$ 的相对误差分别 2%、1.75%、2.06%、2.06%，该估计精度优于目前已有的研究成果。

由表 4-1 看出，迭代次数为 BIM 法 11 次（为避免函数过多，将 BIM 的 11 次用 2 列列出，并在第二列估计值后面括号里标出迭代次数，FIM 法也做类似处理），FIM 法 21 次，NIM 法为 5 次，SIM 法为 6 次。综合估计精度和迭代次数，在本书仿真环境下，后两种算法综合性优于前两种。

利用以上方法估计剩余标签，均存在根模糊问题，即在给定 Q 值情况下，当待识别标签数不是最优值时，解超越方程不可避免会得出小于最优值和大于最优值的两个根，进而用估计出的上一次待识别标签数减去本次有效识别标签数，所得的当前待识别标签数也具有两个值，产生模糊问题。为解决该模糊问题，在一个识别周期的第一帧识别完成后，采用一个特殊的双参数 Query2(Q_S, Q_B) 命令，$Q_S = \text{round}(x_S) - IdN_1$，$Q_B = \text{round}(x_B) - IdN_1$，其中 $\text{round}(x)$ 表示最接近 x 的整数。第 i 个标签根据 Q_S 和 Q_B 产生两个随机数 $r_{Si} \in [1, Q_S]$，$r_{Bi} \in [1, Q_B]$，作为期望占用时隙，并相应地产生 TID 替代码 PS_i 和 PB_i，$i=1, 2, \cdots, n-IdN_1$，其中 IdN_1 表示第一帧有效识别标签数。TID 替代码 PS_i 和 PB_i 的长度为 u，远小于 TID 的长度（EPC_C1 G2 标准规定 TID 长度为 256），目的是为了降低双参数命令对识别延迟的影响。经过一定延迟后阅读器广播 ReadS() 命令，标签收到命令后，按照前文所述减 1 方法在预先生成的 r_{Si} 时隙发送 PS_i 码，阅读器统计 Q_S 参数对应的有效时隙数 SsN_S。ReadS() 命令处理结束后用同样方法处理 ReadB() 命令，得到 Q_B 参数对应的有效时隙数 SsN_B。

有效时隙数 $SsN_j = IdN_j + PsN_j$（其中，$j=$ S 或 B），第一部分统计值 IdN_j 的期望值为 Q_e，其算法如式(4-3)所示，另一部分是 PsN_j 的期望值，PsN_j 被定义为伪有效时隙，指在处理双参数命令期间，期望时隙中有 $m(m>1)$ 个标签选择了同一个时隙发送 TID 替代码，并且所产生的替代码 PS（或 PB）也完全相同，设其概率为 P_m，则

$$P_m = \binom{n}{m} \left(\frac{1}{Q}\right)^m \left(1 - \frac{1}{Q}\right)^{n-m} \binom{2^u}{1} \left(\frac{1}{2^u}\right)^m \tag{4-17}$$

那么，在所有 Q 个时隙中的伪有效时隙的期望值 E_{PsN} 为每个时隙发生伪有效时隙的 Q 倍，每个时隙发生伪有效时隙的概率为式(4-17)中 m 取值从 2 到 n 的所有情况之和，据此有

$$E_{PsN} = Q\sum_{m=2}^{n} P_m = \sum_{m=2}^{n} \binom{n}{m} \left(\frac{1}{Q}\right)^m \left(1 - \frac{1}{Q}\right)^{n-m} \binom{2^u}{1} \left(\frac{1}{2^u}\right)^m \tag{4-18}$$

由此可得时序预分配阶段有效时隙数 SsN 的期望值 E_{SN} 为

$$E_{SN} = n\left(1 - \frac{1}{Q}\right)^{n-1} + \sum_{m=2}^{n} \binom{n}{m} \left(\frac{1}{Q}\right)^m \left(1 - \frac{1}{Q}\right)^{n-m} \binom{2^u}{1} \left(\frac{1}{2^u}\right)^m \tag{4-19}$$

为便于观察期望值 E_{SN} 随 n 的变化情况，用数值仿真方式给出式(4-19)的仿真结果如图 4-4 所示。其中 $n=1000$，Q 分别取 200，400 和 800，u 分别取 6 和 10，得到 Q 和 u 的 6 种组合作为控制参数。

由图 4-4 可以清楚看出，双参数命令处理阶段有效时隙数期望值 E_{SN} 随 u 值的变化并

不明显，但是对时隙数 Q 有很强的依赖关系。待识别标签数 n 越接近 Q，E_{SN} 越大，当 $n=Q$ 时 E_{SN} 达到最大。因此，可以通过双参数命令求解根模糊问题。若 $SsN_S > SsN_B$，则 $\hat{n}=$ round(x_S)，反之，$SsN_S < SsN_B$，则 $\hat{n}=$ round(x_B)。

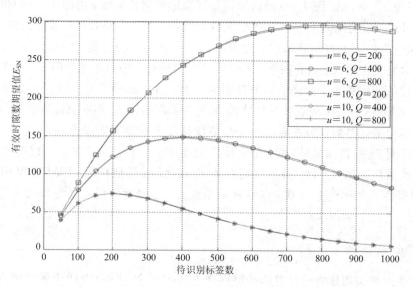

图 4-4　有效时隙期望值曲线

利用以上解模糊方法对初始标签数估计进行仿真试验得到如图 4-5 所示的仿真结果。

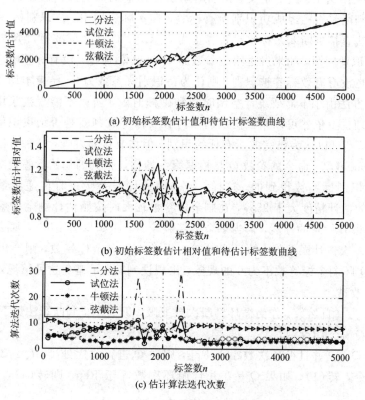

(a) 初始标签数估计值和待估计标签数曲线

(b) 初始标签数估计相对值和待估计标签数曲线

(c) 估计算法迭代次数

图 4-5　初始标签数估计算法仿真结果

仿真参数：$Q=2000$，标签数从 100 到 5000 变化，步进为 100，BIM 初始值 $x_{S,l}=1$，$x_{S,u}=2000$，$x_{B,l}=2000$，$x_{B,u}=10\ 000$；FIM 初始值 $x_{S,l}=1$，$x_{S,u}=2000$，$x_{B,l}=2000$，$x_{B,u}=10\ 000$；NIM 初始值 $x_{S,0}=1000$，$x_{B,0}=3000$；SIM 初始值 $x_{S,0}=600$，$x_{S,1}=1000$，$x_{B,0}=2600$，$x_{B,1}=3200$。图 4-5(a)为标签估计数的绝对值曲线，由图 4-5(a)可见虽然有振荡，但估计值变化趋势与待估计标签数大致呈线性关系，在小数目标签段振荡较小，在 n 大致为 1500～2500 之间时振荡最大，这说明这个期间标签数接近 Q 值，即接近识别最优值，解模糊容易发生错误，这在图 4-5(b)估计值的相对值中看的尤为明显。由于这种情况下，大于最优值的根和小于最优值的根差别不太大，所以解模糊发生错误只会给综合识别性能带来一定影响(后文全局吞吐量性能仿真证实了此结论)，并不会使算法失效。图中还能看出，考察全部标签数，四种估计算法在估计精度上并没有明显差别，在远离最优值期间(n 为 1500 到 2500 范围之外)相对估计精度大于 95%。由图 4-5(c)可以看出，NIM 法最优，迭代次数均未超过 5 次，并且稳定在 2～5 次之间，性能优越；BIM 法和 FIM 法迭代次数也比较稳定，均未超过 11 次。SIM 法最不稳定，在最优值期间出现 2 次迭代次数接近 30 次的情况。

4.2.6 识别过程终止准则

将 4.2.5 节提出的标签估计算法和解模糊方法用在 NTEBD 方法中进行仿真试验，考察算法的适应性。算法步骤按照本节中前面几小节提出的方法进行仿真，唯有如何终止识别周期未在前文中给出。按照定义，识别周期是指完整地识别阅读器覆盖范围内的所有标签，所以需要判断是否已经成功识别所有标签。在实际应用中，待识别标签数对于阅读器是未知的，无法直接判断剩余标签是否真正为 0。EPC_C1 G2 标准通过判断标签的响应来决定是否结束识别周期，如果发送给定参数的 Qurey(Q)命令，没有标签响应，即既没有碰撞时隙发生，也没有有效标签被识别，则认为待识别标签数为 0，结束本识别周期。本书提出的 NTEBD 方法由于不需要统计空闲时隙和碰撞时隙，所以不能直接采用上述方法，需要加以改进。理论上依然可以只根据识别帧内有效标签数判断是否结束识别周期，如果有效识别数为 0，则可以认为已完成所有标签识别。但仿真试验发现，这种方法会出现误判的情况。由于 Frame(Q_i)命令的参数 Q_i 是根据第一帧估计得到的初始标签数减去本识别帧之前所有帧实际识别标签数得到的，这样，第一帧估计误差会一直传递到最后一帧。尽管 NTEBD 算法的估计精度大于 95%，在剩余标签数较大时按照估计剩余标签数自适应调制帧长度能达到极其优越的性能，但当剩余标签数较少，比如少于 10 个，那么当初始标签为几千个时，第一次估计误差将会大于几十个，误差大于剩余标签数，则会出现估计剩余标签数为 0，而实际剩余标签数不为 0 的现象，出现误判。为了避免这种情况，提出以下帧长倍增算法进行改进。

假设 Rep 为一自然数，作为循环判断次数上限，识别终止判断算法如下：

(1) $Q_i=Q_{i-1}-IdN_{i-1}$；

(2) 如果 $Q_i=0$ 并且循环次数小于 Rep，则对 Q_i 进行放大处理，$Q_i=2(Q_i+1)$，广播 Frame(Q_i)命令，转(1)，如果 $Q_i=0$ 并且循环次数等于 Rep，则转(4)，否则如果 $Q_i>0$ 转(3)；

(3) 开启新的识别帧；

（4）结束识别周期。

表 4 - 3 给出了一个识别周期的识别过程仿真结果，仿真参数为 $Q = 1000$，$N = 2000$，$\text{Rep} = 3$。

表 4 - 3　识别过程试验（$Q = 1000$，$N = 2000$，$\text{Rep} = 3$）

识别帧数	每次识别后剩余标签数							
	二分法		试位法		牛顿法		弦截法	
	实际	估计	实际	估计	实际	估计	实际	估计
1	1732	1748	1734	1768	1730	1735	1729	1727
2	1137	1153	1065	1099	1097	1102	1090	1088
3	696	712	636	670	661	666	689	687
4	443	459	391	425	405	410	405	403
5	281	297	227	261	268	273	257	255
6	175	191	123	157	171	176	165	163
7	105	121	73	107	107	112	111	109
8	59	75	34	68	63	68	65	63
9	35	51	13	47	38	43	43	41
10	19	35	8	42	21	26	27	25
11	8	24	0	34	12	17	14	12
12	4	20	—	—	4	9	9	7
13	0	16	—	—	0	5	6	4
14	—	—	—	—	—	0	5	3
15	—	—	—	—	—	—	4	2
16	—	—	—	—	—	—	2	4
17	—	—	—	—	—	—	0	8

由表 4 - 3 看出，在初始标签数为 2000，第一帧帧长 Q 为 1000 的情况下，最长经过 17 帧完成所有标签的识别，最短经过 11 帧完成所有标签的识别。BIM、FIM 和 NIM 三种估计试验剩余标签估计值均大于实际标签数，所以每一帧自适应调整帧长度均大于实际待识别标签数，终止识别周期没有出现帧长倍增情况。SIM 试验由于第一帧剩余标签数估计值 1727 小于实际值 1729，所以在识别周期结束前倍增算法对帧长进行调整。

4.3　性 能 分 析

综合评价 RFID 防碰撞算法性能的优劣，最根本的指标是考察其完整识别所有待识别标签所需要的时间长度，时间越短综合识别效率越高，延迟越短，进一步，在标签移动的环

境下漏读率就越低。全局吞吐量即是综合评价的一个理想指标，根据全局吞吐量可以表示为

$$\eta_{syn} = \frac{\text{所有标签传输有用信息所占用的时间}}{\text{识别周期所消耗的总时间}} \tag{4-20}$$

这里，识别周期所消耗的总时间，包括各种命令传递时间、命令间隔时间、状态转换时间、成功识别标签信息传输时间、空闲时隙占用时间以及碰撞时隙占用时间等。由于命令或控制时间远小于标签识别时隙所占时间，为便于仿真分析，这里仿真只统计标签有效识别时隙、空闲时隙和碰撞时隙，并假定每个时隙长度为定值。图 4-6 为本书提出的 NTEBD 方法与 EPC_C1 G2 等标准采用的经典 DFSA 方法 Q 算法全局吞吐量性能仿真结果。仿真条件：标签数从 100 到 3000 变化，间隔 100，每个点数仿真 10 次取平均值。NTEBD 算法采用 BIM 和 NIM 迭代法估计初始标签数，Q 值取 1024。本书的 Q 值为帧时隙长度（每帧时隙个数）的真值，而 EPC_C1 G2 标准里帧长度用 2^Q 表示，所以 Q 实际上为帧长度以 2 为底的对数值。为便于对比分析，这里仿真中统一用 Q 表示帧长度，即用 Q 表示 EPC_C1 G2 标准里的 2^Q。由于 EPC_C1 G2 标准附录 D 所提供的算法实例中 Q 值取 4（对应真值为 $2^4 = 16$），所以对 EPC_C1 G2 标准的仿真还给出了 $Q = 16$ 的仿真结果作为对比。

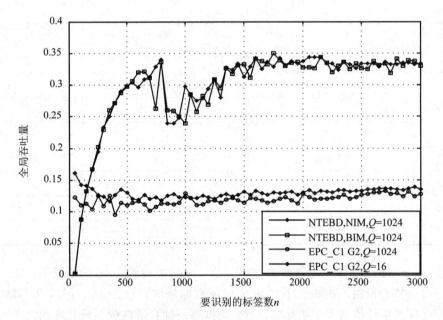

图 4-6　全局吞吐量性能仿真结果

从图 4-6 可以看出：

(1) 只有在标签数为 100 时，EPC_C1 G2 标准的全局吞吐量性能略优于 NTEBD 算法，当标签数大于 100 时 NTEBD 算法性能急速上升，尤其当标签数大于 1500 时，NTEBD 算法全局吞吐量是 EPC_C1 G2 标准的 2.5 倍以上，最高接近 3 倍。

(2) 对比 NTEBD 算法的 NIM 和 DIM，吞吐量性能差别并不明显，所以两种方法都具有实用性。在标签数大致为 700~1200 之间，NTEBD 算法全局吞吐量性能有所下降，这是由于在 $Q = 1024$ 附近，待识别标签数接近初始帧长度，标签数估计算法解根模糊方法容易

发生错误，导致可能以非最佳帧长调整 Q 值，进而对全局吞吐量性能产生一定影响。但即使 DIM 在标签数为 900 时下降到最低点 0.2，也依然远大于 EPC_C1 G2 标准的 Q 算法。

（3）EPC_C1 G2 标准两种 Q 值对应吞吐量性能并没有明显差别，这是由于 Q 算法调整参数，每次帧长度调整采用乘以 2 或除以 2 的方式成指数级调整，虽然容易发生振荡，但收敛速度非常快，初始值的设置对全局吞吐量性能并不会产生明显影响。

第 5 章
基于弦截迭代的标签防碰撞方法

5.1 概　述

射频识别技术作为物联网对物品实现智能化识别与管理的核心技术，在产品追踪管理、智能物流与仓储、复杂系统组装等领域有着广泛的应用。射频识别系统由阅读器和电子标签组成，在大多数应用中，常常需要实现大规模标签实时批量识别，这种应用环境中不可避免会存在标签碰撞问题。标签碰撞是影响 RFID 系统的关键因素，因此需要采用防碰撞方法尽可能降低碰撞发生的概率，提高识别效率。尤其在批量读取应用中，标签防碰撞方法成为一种至关重要的技术，其性能对射频识别系统的识别效率和识别速度产生了重要的影响。

标签防碰撞方法主要分为随机型的 Aloha 防碰撞方法、基于二进制树搜索的确定性防碰撞方法和混合方法等三种方法。在大规模电子标签应用领域，二进制树搜索方法耗时太多，无法满足实时性要求，Aloha 防碰撞方法得到了广泛的应用。Aloha 算法分为纯 Aloha 算法、时隙 Aloha 算法、帧时隙 Aloha 算法、动态帧时隙 Aloha（Dynamic Frame Slot Aloha，DFSA）算法及众多改进型算法。

DFSA 算法在帧时隙 Aloha 算法的基础上进行了改进，根据剩余标签数动态调整帧长度，与固定帧时隙 Aloha 算法相比显著提高了识别效率。理论研究和实验均证实，当帧长度与待识别标签数大致相等时，识别效率最高。Luca 等通过理论方法证明了当待识别标签数与帧长度相等时，识别效率最高。Prodanoff 等给出了最优帧长度的解析解法，并得到了帧长度与待识别标签数相等时识别效率最优的一般性结论。为了将下一帧的帧长度调整为与剩余标签数大致相等，以获得最佳识别效率，需要对剩余标签进行估计。

近年来，国内外学者根据不同应用背景提出了大量的标签数估计算法。较为有代表性的有 Schoute 算法、Vogt 算法等最大似然估计方法，以及 Floerkemeier 算法等概率分布法。Bratuz 等利用引导信号的频率分析估计签数量，并调整后续帧长度以实现最优识别吞吐量。Wu 等采用贝叶斯法估计标签数目，具有估计误差小、计算量低的优点。Chen 提出一种利用最大概率判决的标签估计方法，估计误差小于 4%。Pang Y 等提出一种新型的分组动态帧时隙防碰撞算法，系统吞吐率稳定在 $34.6\%\sim36.8\%$ 之间，当标签数大于 2000 时，与传统算法相比时隙效率提高了 30% 以上。Petar 等提出了一种利用线性组合模型估计优化帧长度的方法，显著降低了标签估计计算量，从而节省了 RFID 系统能量。Vogt 提出了基于 Chebyshev 不等式估计标签数等于有效时隙数加碰撞时隙数的 2 倍。Hou Z G 采用软件无线电技术对 ISO 18000 - 6 标准的标签进行了测试，实现了 RFID 防碰撞过程的量化分析。

以上方法均是以单帧识别效率最高作为判别准则提出最优化帧长度，本章以全局吞吐量性能最优作为标准，针对 RFID 领域普遍使用的 DFSA 标签防碰撞方法，介绍一种基于线性插值的初始标签数的估计方法，并根据估计结果自适应动态调整后续帧长度，以达到最佳的识别效率，实现全局吞吐量最大化。

5.2　模　型　建　立

5.2.1　处理时序

定义完成阅读器覆盖范围内所有标签识别的过程为一个识别周期，由若干识别帧组成，每帧由若干时隙组成，每帧中包含的时隙数定义为帧长度。识别开始时，由于待识别标签数往往是未知的，所以利用携带一个固定的帧长度 Q 的查询命令 Query(Q) 开启第一帧识别。完成第一帧识别之后，利用第一帧成功识别的标签数估计初始标签数，估计方法采用基于线性插值方法，将该方法命名为基于线性插值的标签数估计方法（Tag Population Size Estimation Based on Linear Interpolation Method，TPELI），处理时序如图 5 - 1 所示。

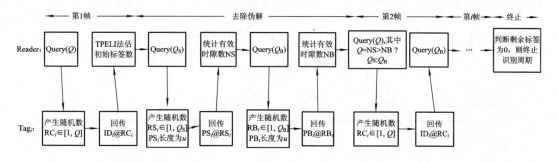

图 5 - 1　标签防碰撞方法处理时序

图 5 - 1 中第 1 帧和第 2 帧之间为标签数估计算法，包含基于 TPELI 的初始标签数估计和"伪解去除"两个环节。从第 2 帧开始，利用估计的原始标签数减去本帧之前已被成功识别的标签数作为本帧的帧长度，如此循环开启新的识别帧，直至完成所有标签的识别。基于线性插值的估计方法实质是解超越方程，一般会得到两个解，其中一个是伪解，需要利用特殊的方法加以去除，在 5.2.3 节中给出了解决方法。

5.2.2　初始标签规模估计方法

在整个识别周期内，要实现全局吞吐量性能最佳化，则初始标签数的估计起着至关重要的作用。初始标签数估计会严重影响标签识别效率，如果估计标签数远大于实际标签数，则后续每帧调整的 Q 参数将大于实际待识别标签数，导致空闲时隙增加，浪费时隙资源，进而降低识别效率。反之，如果估计标签数远小于实际标签数，则后续帧长调整时 Q 参数将会小于待识别标签数，导致碰撞概率增加，同样会降低识别效率。本书提出一种实现简单、精度高的标签估计算法，在一个识别周期内，只在第一帧结束后根据统计得到的有效识别时隙数，并利用线性插值方法解非线性超越方程得到初始标签数的估计 $\hat{n}$，在此基础上减去本帧有效识别标签数即可得到剩余标签数的估计，并自适应调整第二帧帧长度以实现最优识别。此后每一帧均以当前帧待识别标签估计数减去本帧实际有效识别标签作为下一帧的待识别标签数，并将帧长度设为等于待识别标签数，实现最优识别。

在接收到 Query(Q) 命令后，每个标签生成随机数 r_i，假设标签选择时隙的概率服从均匀分布，则某个标签选择 Q 个时隙中任意一个时隙的概率为

$$p = \frac{1}{Q} \tag{5-1}$$

进一步，有且仅有一个标签选择某个特定时隙 $r_i (i=1, 2, \cdots, Q)$ 的概率（即成功识别时隙的概率）为

$$p_1 = \frac{1}{Q}\left(1 - \frac{1}{Q}\right)^{n-1} \tag{5-2}$$

那么对于全部 n 个标签，Q 个时隙中有 Q_e 个成功识别时隙的期望值为[21]

$$Q_e = \frac{n}{Q}\left(1 - \frac{1}{Q}\right)^{n-1} Q = n\left(1 - \frac{1}{Q}\right)^{n-1} \tag{5-3}$$

图 5-2 给出了仿真实验和理论计算的识别效率曲线，标签数从 10 到 3000 变化，间隔为 10，$Q = 1000$。仿真实验采用蒙特卡罗方法模拟标签识别过程得到的成功识别标签数 IdN 与待识别标签数 n 之间的关系，理论曲线为利用式(5-3)计算的结果。

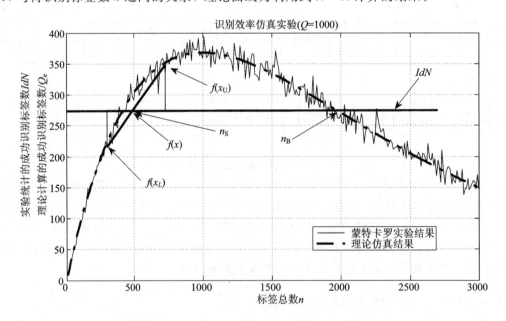

图 5-2　仿真实验和理论计算的识别效率曲线

由图 5-2 看出，实验结果与理论值变化趋势是一致的，所以，第一帧识别结束后，利用统计得到的有效识别标签数 IdN 代替 Q_e，并解方程(5-3)可以求出初始标签数 n 的估值 $\hat{n}$。设

$$f(x) = x\left(1 - \frac{1}{Q}\right)^{x-1} \tag{5-4}$$

第一帧识别结束后将 IdN 作为函数值，利用线性插值法求解式(5-4)得到 x 的近似解，并对 x 取整得到初始标签数的估计值 $\hat{n} = \mathrm{round}(x)$。显然当 $Q>1$ 时，式(5-4)对 x 连续，如果在大于 0 的区间存在 x_l 和 x_u，使得 $[f(x_l)-IdN]\cdot[f(x_u)-IdN]<0$，则必然存在 $x\in[x_l,x_u]$，使 $f(x)=IdN$。从图 5-2 可知，除最大值以外，每个 IdN 对应两个解，小于最优值的解定义为 n_S，大于最优值的解定义为 n_B。以 n_S 求解为例，在图 5-2 中利用相似三角形公式，可以得到直线与 $f(x)=IdN$ 的交点的估计值：

$$\frac{f(x_{S,l})}{x_S - x_{S,l}} = \frac{f(x_{S,u})}{x_S - x_{S,u}} \tag{5-5}$$

经过变形得到

$$x_S = x_{S,u} - \frac{f(x_{S,u})(x_{S,l}-x_{S,u})}{f(x_{S,l}) - f(x_{S,u})} \tag{5-6}$$

然后以 $x_{S,l}$ 或 $x_{S,u}$ 代替 x_S，重复迭代，则解一定会落在 $x_{S,l}$ 和 $x_{S,u}$ 构成的区间内，直到估计精度满足要求为止。具体以 $x_{S,l}$ 还是 $x_{S,u}$ 代替 x_S，需要根据这两个变量的函数值确定，以函数值与 $f(x_S)$ 符号相同的变量代替。算法实现步骤如下：

(1) 确定下界 $x_{S,l}$ 和上界 $x_{S,u}$，对于小于最优值的解 x_S，由图 5-2 看出 $f(1)<f(x_S)<f(Q)$，所以选择 $x_{S,l}=1$，$x_{S,u}=Q$；

(2) 计算估计值，令 $x_S = x_{S,u} - \dfrac{f(x_{S,u})(x_{S,l}-x_{S,u})}{f(x_{S,l}) - f(x_{S,u})}$；

(3) 计算并比较函数值，如果 $[f(x_{S,l})-IdN]\cdot[f(x_S)-IdN]<0$，则 $x_{S,u}=x_S$，转(2)；反之，如果 $[f(x_{S,u})-IdN]\cdot[f(x_S)-IdN]<0$，则 $x_{S,l}=x_S$，转(2)；

(4) 终止条件，如果 $[f(x_{S,u})-IdN]\cdot[f(x_{S,l})-IdN]=0$，或者 $|x_{S,l}-x_{S,u}|<\varepsilon_{Th}$，则迭代终止，其中 ε_{Th} 为迭代终止判断门限，由所需的精度确定。

结束迭代后，令 $\hat{n}_S=\mathrm{round}(x)$ 得到初始标签数的估计。用与求解 $\hat{n}_S$ 相同的方法求解大于最优值的标签数估计值 $\hat{n}_B$，其中下边界为 $x_{B,l}=Q$，但在确定上边界 $x_{B,u}$ 时，由于大于最优值以后识别效率随着标签数 n 的增加下降比较缓慢，确定上边界的通用方法存在困难，需要根据实际应用环境确定，本文仿真中取 $x_{B,u}=5Q$。

利用线性插值法对 $Q=1000$，n 分别取 100、400、7000、1000、1300 和 1600 等 6 种情况进行实验，其中 $n_{S,l}=1$，$n_{S,u}=Q=1000$，$n_{B,l}=Q=1000$，$n_{B,u}=5Q=5000$，$\varepsilon_{Th}=0.01$。由理论计算得 Q_e 分别为 91、268、238、368、354、323。基于线性插值法的数值解法实验结果如表 5-1 所示。

表 5-1　线性插值实验结果

n	Q_e	解的位置	迭代次序及所对应该次迭代输出解近似值 $\hat{n}$												绝对误差	相对误差	迭代次数
			1	2	3	4	5	6	7	8	9	10	11	12			
100	91	$\hat{n}_S$	246	116	102	101	101	—	—	—	—	—	—	—	1	1%	5
		$\hat{n}_B$	7783	6151	5021	4326	3963	3804	3741	3719	3710				伪解	伪解	11
400	268	$\hat{n}_S$	728	554	466	427	410	404	400						0	0%	7
		$\hat{n}_B$	3450	1948	2035	2020									伪解	伪解	4
700	348	$\hat{n}_S$	945	895	851	815	785	763	746	733	724	717	713	709	9	1.29%	12
		$\hat{n}_B$	1491	1305	1366	1372									伪解	伪解	4
1000	368	$\hat{n}_S$	1000	1000											0	0%	2
		$\hat{n}_B$	1002	—											2	0.2%	1
1300	354	$\hat{n}_S$	962	926	893	864	839	819	802	789	779	771	765	760	伪解	伪解	12
		$\hat{n}_B$	1344	1277	1304	1305									5	0.38%	4
1600	323	$\hat{n}_S$	877	776	701	651	619	599	588	581	577	575			伪解	伪解	10
		$\hat{n}_B$	2103	1446	1584	1599	1601								1	0.06%	5

由图 5-2 可知,当 $n=1000$ 时曲线取最大值达到最优识别效率,此时根据 Q_e 解方程可以得到唯一解,除此之外,对于每个 Q_e 值方程有两个解,一个是伪解,不符合实际,需要去除。由表 5-1 可以看出,在正确去除伪解的前提下,相对误差最大为 1.29%,迭代次数最多为 12 次。当 $n=1000$ 时两个解相差很小,分别为 1000 和 1002,都是真解,不存在伪解,并且迭代次数也非常少,分别为 2 次和 1 次。

表 5-1 给出数值解法的实验结果,是利用 Q_e 理论值作为函数值实验的结果,表 5-2 给出了利用 TPELI 算法对初始标签数进行估计的实验结果,即利用第一帧识别结束时统计得到的 IdN 代替 Q_e 进行迭代实验。IdN 为利用蒙特卡罗方法模拟第一帧成功识别的标签数,不是确定值,每次实验会有所差别,所以对原始标签数 n 的每个取值进行三次实验进行对比。

表 5-2　基于 TPELI 算法的初始标签数估计实验结果

n	test	IdN	解的位置	迭代次序及所对应该次迭代输出解近似值 $\hat{n}$											绝对误差	相对误差	迭代次数
				1	2	3	4	5	6	7	8	9	10	11			
100	Test1	88	$\hat{n}_S$	238	111	98	97	97	—	—	—	—	—	—	3	3%	5
			$\hat{n}_B$	7857	6261	5137	4429	4046	3869	3796	3768	3758	3754	3753	伪解	伪解	11
	Test2	90	$\hat{n}_S$	243	115	101	99	99	—	—	—	—	—		1	1%	5
			$\hat{n}_B$	7808	6188	5059	4359	3990	3825	3759	3735	3726	3723		伪解	伪解	10
	Test3	89	$\hat{n}_S$	241	113	100	98	98	—	—	—	—	—		2	2%	5
			$\hat{n}_B$	7832	6224	5098	4394	4018	3847	3777	3751	3742	3738		伪解	伪解	10

续表

n	test	IdN	解的位置	1	2	3	4	5	6	7	8	9	10	11	绝对误差	相对误差	迭代次数
				迭代次序及所对应该次迭代输出解近似值 $\hat{n}$													
400	Test1	261	$\hat{n}_S$	709	530	443	406	391	386	384	—	—	—	—	16	4%	7
			$\hat{n}_B$	3621	2035	2081	2071	—	—	—	—	—	—	—	伪解	伪解	4
	Test2	268	$\hat{n}_S$	728	554	466	427	410	404	401	—	—	—	—	1	0.25%	7
			$\hat{n}_B$	3450	1948	2035	2020	—	—	—	—	—	—	—	伪解	伪解	4
	Test3	269	$\hat{n}_S$	730	558	469	430	413	406	403	—	—	—	—	3	0.75%	7
			$\hat{n}_B$	3425	1936	2028	2012	—	—	—	—	—	—	—	伪解	伪解	4
700	Test1	343	$\hat{n}_S$	932	870	818	777	746	722	706	694	686	681	—	9	1.29%	10
			$\hat{n}_B$	1614	1330	1413	1422	—	—	—	—	—	—	—	伪解	伪解	4
	Test2	345	$\hat{n}_S$	937	880	831	792	761	738	721	709	701	695	—	5	0.71%	10
			$\hat{n}_B$	1565	1320	1394	1403	—	—	—	—	—	—	—	伪解	伪解	4
	Test3	346	$\hat{n}_S$	940	885	838	799	769	746	729	717	708	702	—	2	0.29%	10
			$\hat{n}_B$	1540	1315	1385	1393	—	—	—	—	—	—	—	伪解	伪解	4
1000	Test1	367	$\hat{n}_S$	997	994	—	—	—	—	—	—	—	—	—	6	0.6%	2
			$\hat{n}_B$	1026	1049	1064	1072	—	—	—	—	—	—	—	72	7.2%	4
	Test2	368	$\hat{n}_S$	1000	1000	—	—	—	—	—	—	—	—	—	0	0%	2
			$\hat{n}_B$	1002	—	—	—	—	—	—	—	—	—	—	2	0.2%	1
	Test3	369	$\hat{n}_S$	仿真出现异常，未输出结果													
			$\hat{n}_B$	仿真出现异常，未输出结果													
1300	Test1	353	$\hat{n}_S$	959	920	886	855	830	809	792	779	769	761	755	伪解	伪解	11
			$\hat{n}_B$	1369	1282	1315	1317	—	—	—	—	—	—	—	17	1.3%	4
	Test2	355	$\hat{n}_S$	964	931	900	873	849	829	813	800	790	781	—	伪解	伪解	10
			$\hat{n}_B$	1320	1273	1292	1293	—	—	—	—	—	—	—	7	0.52%	4
	Test3	356	$\hat{n}_S$	967	936	907	881	859	840	824	811	792	786	—	伪解	伪解	10
			$\hat{n}_B$	1295	1269	1280	—	—	—	—	—	—	—	—	20	1.54%	4
1600	Test1	319	$\hat{n}_S$	866	758	680	629	598	580	569	563	560	—	—	伪解	伪解	9
			$\hat{n}_B$	2201	1473	1618	1632	—	—	—	—	—	—	—	32	0.13%	4
	Test2	320	$\hat{n}_S$	869	763	685	635	603	584	574	568	564	—	—	伪解	伪解	9
			$\hat{n}_B$	2177	1467	1610	1624	—	—	—	—	—	—	—	24	1.5%	4
	Test3	326	$\hat{n}_S$	886	790	718	668	635	615	602	595	591	—	—	伪解	伪解	9
			$\hat{n}_B$	2030	1427	1559	1574	—	—	—	—	—	—	—	26	1.63%	4

由表 5-2 可知，除了 $n=1000$ 时第一次实验相对误差较大为 7.2%，其余情况相对误差均小于 4%。除了 $n=1000$ 时第 3 次实验出现错误以外，其余情况下迭代次数均小于等于 11 次。$n=1000$ 时实验出现 1 次相对误差较大，1 次程序异常未能正确结束的情况。从图

5-1 可知，由于 $n=1000$ 时曲线取最大值，有可能出现 $f(x_{S,l})$ 和 $f(x_{S,u})$ 相差太小甚至相等（即线性插值斜率太小，甚至为 0），导致线性插值式(5-6)的分母值过小或为 0，出现误差太大或插值异常。这种情况在实际工程实现时可以采取特殊的处理方法加以解决，譬如可以判断 IdN 的值，如果接近式(5-6)的最大值，则无需解方程直接用 Q 作为待识别标签数的近似。

5.2.3 伪解去除

如上文所述，当 n 与 Q 相差较大时，对应每个 IdN 会出现两个解，有一个是伪解，需要加以去除。根据表 5-1 和表 5-2 实验结果，在第一帧识别完成后，获得两个解 n_S 和 n_B，n_S 为小于最优值的解，n_B 为大于最优值的解。根据图 5-1 所示，首先令 $Q=n_S$，阅读器广播 Query(Q_S)命令，接收命令后标签 Tag$_i$（其中，$i=1,2,\cdots,n$）产生随机数 RS$_i\in[1,Q_S]$作为期望向阅读器发送信息占用的时隙，以及长度为 u 的随机数 PS$_i$ 作为识别号 ID 的替代码，u 远远小于识别号 ID 的长度，以减少时间开销。在发送 Query(Q_S)命令之后间隔一定时间，阅读器发送 NextSlot 命令开始按时隙逐一读标签数据，标签收到 NextSlot 命令将自己的期望时隙 RS$_i$ 减 1，结果为零的标签响应阅读器，回传 PS$_i$，结果不为零则等待下一个 NextSlot 命令继续减 1，直到结果为 0 响应标签，阅读器根据标签回传信息统计有效识别标签数 NS。用同样方法处理 Query(Q_B)命令得到有效标签识别数 NB，如果 NS>NB，则 n_B 为伪解，令 $Q_2=$NS，反之，如果 NS<NB，则 n_S 为伪解，令 $Q_2=$NB，下标 2 表示第 2 帧的参数。

5.3 仿真实验及结果分析

5.3.1 TPELI 算法估计性能仿真

利用 Matlab 对 TPELI 算法估计性能进行仿真实验，仿真过程对应图 5-1 中的第 1 帧识别、初始标签数估计和伪解去除三个阶段。仿真参数：$Q=700$，n 从 20 到 2000 变化，步进为 20，$n_{S,l}=1$，$n_{S,u}=Q=700$，$n_{B,l}=Q=700$，$n_{B,u}=5Q=3500$。

（1）标签 $i(i=1,2,\cdots,n)$产生随机数 RC$_i\in[1,Q]$，表示第 i 个标签希望在第 RC$_i$ 个时隙响应阅读器。

（2）统计有效时隙数，对于任意时隙 Slot$\in[1,Q]$，搜索该时隙被标签占用的情况，如果对于任意 $i(i=1,2,\cdots,n)$，均有 Slot$\neq$RC$_i$，则该时隙为空时隙，转入下一时隙搜索；如果有两个随机数都等于该时隙，即 Slot$=$RC$_i=$RC$_j(i\neq j)$，则该时隙为碰撞时隙，结束本时隙的搜索，转入下一时隙搜索；否则如果对于任意 $i(i=1,2,\cdots,n)$，有且仅有一个 i 使得 Slot$=$RC$_i$，则该时隙为有效时隙，有效时隙数 IdN 加 1，转入下一时隙搜索。照此完成全部 Q 个时隙搜索，统计得到有效时隙数 IdN。

（3）按照 5.2.2 节给出的方法估计初始标签数。

（4）按照 5.2.3 节给出的方法去除伪解，得到与实际标签数 n 对应的估计值 $\hat{n}$，同时可以统计标签估计算法的迭代次数作为一个算法收敛快慢的评价指标，改变 n 值转(1)。

按以上步骤，基于 TPELI 算法的标签数估计精度仿真结果如图 5-3 所示，迭代次数仿真结果如图 5-4 所示。图 5-3 所示的估计精度仿真 ε_{Th} 分别取 0.1 和 0.01 两种，图 5-4 所示的迭代次数仿真 ε_{Th} 分别取 0.1、0.01 和 0.001。

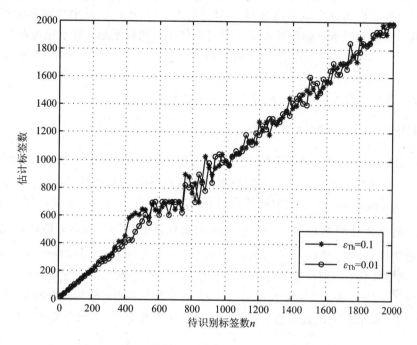

图 5-3　基于 TPELI 算法的标签数估计精度仿真结果

由图 5-3 可知，迭代终止判断门限 ε_{Th} 对估计精度并没有明显影响，$\varepsilon_{Th}=0.1$ 和 $\varepsilon_{Th}=0.01$ 两条曲线没有表现出明显差异性。两条曲线均在 Q 值附近，即大约在 $n=600$ 到 800 之间，估计精度有较大波动，其余情况估计标签数均能很好地跟踪待识别标签数的变化。

由图 5-4 看出，门限 ε_{Th} 对迭代次数有明显影响，迭代次数随门限的减小而增加，这是

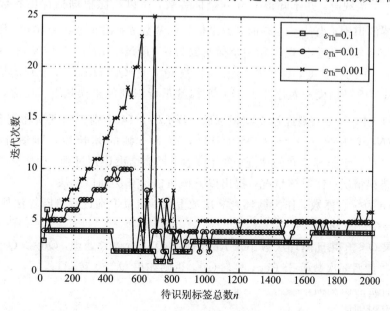

图 5-4　TPELI 算法迭代次数仿真结果

由于估计精度提高，直接导致线性插值循环迭代次数增加。$\varepsilon_{Th}=0.1$ 时除了在 $n=40$ 时迭代次数为 6 次，对于其余 n 值迭代次数均未超过 4 次，$\varepsilon_{Th}=0.01$ 时迭代次数小于等于 10 次，而 $\varepsilon_{Th}=0.001$ 时迭代次数最高达到 25 次。由图 5-4 还可以看出待识别标签数在 Q 值附近时迭代次数波动较大，标签数大于 800 时迭代次数比较平稳，基本保持在 5 次以内。

对比图 5-3 和图 5-4，综合考虑估计精度和迭代次数，终止判断门限 ε_{Th} 取 0.1 和 0.01 时均具有较好的性能，能满足大多数批量识别标签的实时性和估计精度要求，而 ε_{Th} 取 0.001 会导致迭代次数大幅增多，使系统处理延迟增大。

5.3.2 TPELI 算法识别过程实验

识别过程仿真实验将 5.3.1 节给出的基于 TPELI 的标签数估计算法引入图 5-1 所示的处理流程，模拟对 n 个标签进行全部识别，获取最终全局吞吐量性能。第 1 帧按照给定的 Q 进行识别，按照 5.3.1 节给出的步骤(1)和步骤(2)进行处理，统计得到有效识别标签数 IdN，并据此估计原始标签数 $\hat{n}$，则实际剩余标签数为 $n-IdN$；估计剩余标签数为 $\hat{n}-IdN$，设第 2 帧帧长度 $Q_2=\hat{n}-IdN$，对剩余 $n-IdN$ 个标签用同样的方法进行第 2 帧识别，得到第 2 帧有效识别标签数为 IdN_2，则实际剩余标签数为 $n-IdN-IdN_2$，估计剩余标签数为 Q_2-IdN_2；设第 3 帧帧长度为 $Q_3=Q_2-IdN_2$，开始对实际剩余的 $n-IdN-IdN_2$ 个标签进行第 3 帧识别；以此类推，直到实际剩余标签数为 0，表示已完成全部 n 个标签的识别。

由于本章提出的方法只在第 1 帧识别后进行一次初始标签数估计，第一次估计的误差必然会传递到识别结束，所以识别结束的判断需要加以特别考虑。以表 5-2 的实验结果为例，考虑最坏的情况，相对估计误差为 4%。当 $n=1000$ 时，绝对估计误差为 40，在初始阶段这个误差对识别效率影响不会太明显，而在判断剩余标签数是否为 0 时，很容易造成误判。在实际工程实现时，并不知道实际剩余标签数，所以只能根据估计标签数判断是否已完成全部标签的识别。当 $n=1000$ 时，如果估计标签数 $\hat{n}=1000+40=1040$，则经过 k 帧识别后，若 $IdN_k<40$，则会出现实际剩余标签数为 $n-IdN-IdN_2-IdN_3-\cdots-IdN_k$ 小于等于 0，而下一帧的帧长度，即估计剩余标签数 $Q_{k+1}=Q_k-IdN_k$ 大于 0 的情况，发生误判，并且会发生下一帧模拟对小于等于 0 个标签进行识别的错误情况。反之，如果估计标签数 $\hat{n}=1000-40=960$，则经过 k 帧识别后，若 $IdN_k<40$，则会出现实际剩余标签数为 $n-IdN-IdN_2-IdN_3-\cdots-IdN_k$ 大于 0，而下一帧的帧长度，即估计剩余标签数 $Q_{k+1}=Q_k-IdN_k$ 小于等于 0 的情况，发生误判，提前结束识别过程，而实际并未完全识别所有标签的错误情况。针对该情况，提出以下帧长倍增算法加以解决。

假设 Rep 为一自然数，作为循环判断次数上限，结束识别过程判断算法如下：

(1) $Q_i=Q_{i-1}-IdN_{i-1}$；

(2) 如果 $Q_i\leqslant 0$ 并且循环次数小于 Rep，则对 Q_i 进行放大处理，$Q_i=2(Q_i+1)$，转(3)；如果 $Q_i\leqslant 0$ 并且循环次数等于 Rep，则转(4)，否则如果 $Q_i>0$ 转(3)；

(3) 开启新的识别帧；

(4) 结束识别周期。

对 $Q=1000$，$n_{S,l}=1$，$n_{S,u}=Q=1000$，$n_{B,l}=Q=1000$，$n_{B,u}=5Q=5000$，Rep$=3$，n

分别等于 400、700、1000 和 1300 四种情况进行仿真实验，结果如表 5 - 3 所示。

表 5 - 3 给出了与四种 n 值所对应的识别帧数，及每帧识别结束后实际剩余的标签数和估计剩余标签数，表中"实值"指对应帧识别结束后实际剩余标签数，"估值"指对应帧识别结束后估计剩余标签数。

表 5 - 3　TPELI 算法识别过程仿真实验结果

识别帧数	每帧识别后剩余标签数							
	$n=400$		$n=700$		$n=1000$		$n=1300$	
	实值	估值	实值	估值	实值	估值	实值	估值
1	135	128	357	338	622	622	945	938
2	82	75	221	202	379	379	610	603
3	56	49	154	135	223	223	393	386
4	35	28	100	81	136	136	240	233
5	20	13	75	56	88	88	147	140
6	15	8	53	34	56	56	97	90
7	14	7	42	23	33	33	67	60
8	12	5	30	11	20	20	45	38
9	6	6	28	9	13	13	28	21
10	5	5	24	16	12	12	22	15
11	4	4	17	9	8	8	19	12
12	2	8	13	5	4	4	17	10
13	—	6	12	4	2	2	12	5
14	—	—	10	2			11	4
15	—	—	8	4			10	3
16	—	—	7	3			6	4
17	—	—	4	5			5	3
18	—	—	2	3			—	3
19			—	1				

由表 5 - 3 看出，$n=400$ 和 $n=1000$ 两种情况用了 13 帧完成所有标签的识别；$n=700$ 时用了 19 帧完成所有标签识别；$n=1300$ 时用了 18 帧完成所有标签识别。$n=1000$ 时标签数估计值与实际值相等，识别过程没有启动帧长倍增算法即完成了所有标签识别，其他三种情况第一帧识别后剩余标签的估计值均小于实际值，所以结束判断时均启动了帧长倍增算法，$n=400$ 和 $n=700$ 时启动了 2 次，$n=1300$ 时启动了 1 次。

5.3.3　全局吞吐量性能仿真与对比

全局吞吐量是综合评价一个射频识别系统的理想指标，其表示完全识别所有待识别标签与所消耗的总时间之比，定义为

$$\eta_{syn} = \frac{待识别标签消耗时间}{消耗的总时间} \tag{5-7}$$

为了更清楚地评估 TPELI 算法的性能，给出 TPELI 算法与 EPC_C1 G2 等标准所采用的经典 DFSA 算法的性能仿真结果，DFSA 采用 Q 算法实现帧长度的动态调整，仿真结果如图 5-5 所示。仿真参数为：TPELI 中 $Q=512$，$\varepsilon_{Th}=0.01$，待识别标签数从 10 到 1000 变化，步进为 20；Q 算法中 $C=0.1$，为使初始帧长与 TPELI 算法相等，Q 算法中帧长的对数（以 2 为底）设为 9。

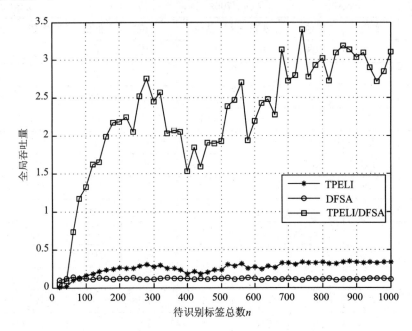

图 5-5　全局吞吐量性能对比仿真结果

由图 5-5 可以看出，除了待识别标签规模很小的情况（标签数小于 20），TPELI 全局吞吐量性能明显高于 DFSA。从比值曲线清楚地看出，当标签数大于 20 时，比值迅速攀升，当待识别标签数大于 100 时比值大于 1.5，即 TPELI 的全局吞吐量性能是 DFSA 的 1.5 倍，最好时超过 3 倍。由此可见，本章提出的方法具有很好的识别性能。

第 **6** 章
RFID 在多领域的应用

6.1　批量标签识别及在农产品追溯中的应用

6.1.1　项目概述

近年来，射频识别技术由于具有可以非接触读取、标签存储容量大、所存信息可写可读、信息传输安全可靠等优势，已经普遍应用在各种工商业领域中。特别是作为物联网的关键技术，RFID 在农产品追溯与跟踪中得到了广泛应用，可以满足农产品追溯与跟踪管理的需要，在农产品生产和物流运输全过程通过监测、抽样等方式校验食品标签的数据。相对于传统的条码，RFID 技术具有更加灵活、准确的优势，应用前景更加广阔。

在农产品追溯系统中，尤其在运输和仓储过程中，需要对货运车辆入出库时实现整车货品标签的批量识别。对频繁使用的叉车转运，也需要对整叉车货品批量识别，以实现搬运、装载、库位匹配等自动快速处理。这里标签批量识别尤为重点，是 RFID 最明显的优势，但是批量识别会产生标签信号互相干扰，形成标签碰撞，因此，标签防碰撞方法是农产品追溯系统中极为关键的技术。农产品包装盒大小不等，形状各异，批量识别的规模差异较大，从几十个到几千个不等，因此标签防碰撞方法需要适应大动态变化范围。

6.1.2　追溯模型

农产品追溯系统包括从原材料侧到消费侧的跟踪，以及从消费侧到种养殖侧的追溯两个方面。跟踪是从供应链的上游至下游，跟随一个特定的单元或一批产品运行路径。追溯是从供应链下游至上游，识别一个特定的单元或一批产品的来源，通过追溯码的方法回溯某个农产品种植、养殖、生产加工、运输以及分发等各个环节。全信息化的跟踪过程能够确保产品的流向可控可管，遇到问题产品能够及时限制其流通或召回。另一方面，跟踪路径所采集到的信息可以在一定时间内得以完整保存，以提供给消费者查询所购买农产品每个流通环节的详细信息，以及农产品生长期的农事信息，实现全程可追溯。跟踪和追溯体系流程图如图 6-1 所示。

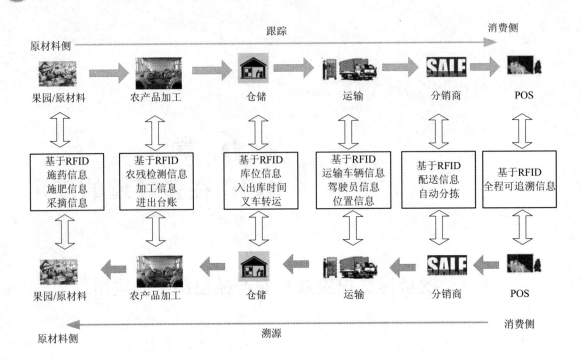

图 6-1　农产品质量跟踪和追溯体系流程图

由图 6-1 可知，农产品追溯系统包括以下处理环节：

（1）农产品种植环节信息处理。

农产品种植环节是农产品追溯系统的起点，利用 RFID 技术对每一地块的施药信息、施肥信息等农事信息以及采摘信息等与地块信息进行绑定，并将农事人员信息、农事计划代码等强制植入 RFID 存储器，为下游进一步完善信息和信息查询提供原始数据。采摘时只需要利用阅读器对地块标签进行扫描，即可获取本地块所有种植品种植环节的所有信息。

（2）加工环节信息处理。

在加工好的包装盒上粘贴 RFID 标签，将种植环节信息导入标签，在此基础上更新增加本环节信息，包括农药检测信息、加工信息及出入库批次信息等。

（3）仓储环节信息处理。

仓储环节利用加工环节所含信息进行批次管理、入出库时间及叉车转运管理，在加工环节采集的信息基础上添加分装人员信息、分装流水线号等信息。该环节充分利用 RFID 技术批量识别优势实现运输车辆和转运叉车的整车批量信息获取，大幅提高仓储管理效率，提高仓库利用率。

（4）运输环节信息处理。

增加车辆信息和驾驶员信息，并利用 GPS 定位、远程传输信道实现货品批次的远程位置实时查询。

（5）分销和派送环节信息处理。

增加配送信息，提供自动分拣功能。

（6）终端消费环节信息处理。

在前面各环节基础上增加终端消费环节查询访问功能，给消费者提供全程追溯功能，保障消费者的知情权。

6.1.3　网络体系结构

为了实现对农产品质量的追溯与跟踪，可建立如图 6-2 所示的三层系统结构模型。

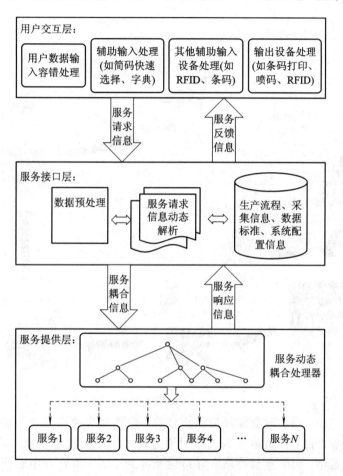

图 6-2　基于 RFID 的三层系统结构模型

图 6-2 从下到上依次为服务提供层、服务接口层和用户交互层。服务提供层根据服务接口层发出的服务耦合信息，对不同类型的服务进行动态耦合处理，并响应服务接口层。用户交互层提供用户数据输入容错处理、输入/输出设备请求等交互信息处理。服务接口层提供数据预处理、服务解析等功能。其中数据预处理包括数据清理、数据集成、数据变换、数据规约等。基于该 RFID 体系结构，提供以下服务和子系统：

（1）个性化定制服务：用于农产品种植、收购、加工、流通、销售等各个环节个性化信息定制，使追溯系统能够更好地适应各种复杂的生产流程、信息采集、处理和查询、统计，包括字典结构定制、查询信息、监管信息定制等。

（2）追溯信息采集系统：用于整个追溯链底层信息的采集、基础数据管理，包括字典维护管理、信息采集、数据上传等。

（3）数据汇总系统：接收企业数据并汇总，包括数据管理、查询分析、产生追溯链、数据打包上传等。

（4）数据预处理：完成对企业数据的预处理，包括数据清理、数据集成、数据变换和数据规约。

6.1.4　仓储环节

仓储环节处理流程如图 6-3 所示。

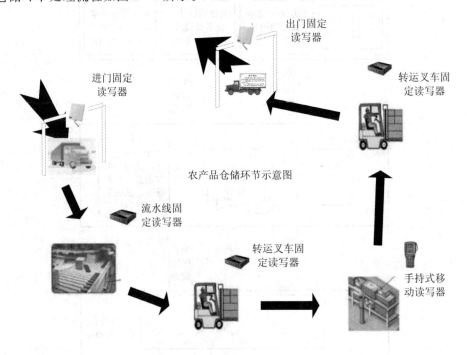

图 6-3　仓储环节处理流程图

对于鲜活农产品，通常对仓储环境要求较高，应该减少蔬菜在仓库的存放时间。对于需要入库保存的农产品，在货运车辆入库时通过进门固定阅读器读取车内所有商品信息，自动获取其包装规格、包装重量等信息并传输至处理中心，由处理中心处理后根据仓库特点形成库存的信息，并输出入货位等信息，实现货品与库位的最优配置。

从上述农产品追溯系统模型可知，在仓储环节、运输环节、配送分发环节等都需要采用 RFID 批量识别，尤其在仓储环节的车辆入出门、货品流水线分拣、叉车装运、库存盘点等多个具体环节，标签批量识别性能对追溯系统的处理效率有着重要的影响。

6.1.5　批量标签识别信息获取方法

批量标签识别在同一时刻会有多个标签向阅读器发送信息，无线电波会发生碰撞，导致识别失败，需要采取标签防碰撞方法实现批量标签识别。Aloha 算法是被广泛使用的标签防碰撞方法。Aloha 算法是一种信号随机接入的方法，其采用电子标签控制方式，也就是电子标签一进入阅读器的作用范围内，就会自动向阅读器发送自身的序列号并与阅读器产生通信，如果在一个电子标签发送数据的过程中其他的电子标签也在发送数据，那么发送的信号就会重叠引起碰撞，这时阅读器一旦检测到碰撞发生，就会发送命令让其中一个电子标签暂停发送数据，随机等待一段时间以后再重新发送数据。由于每个数据帧的发送时间只是重复发送时间的一小部分，以致在两个数据帧之间产生相当长的间歇，所以会存在一定的概率使两个标签的数据帧不产生碰撞，但是因为存在时间间歇问题，会使得 80% 以上的数据通路没有被利用。该算法实现防碰撞的效率代价较高，然而因为实现简单，并且适于标签数量不定的场合，所以目前广泛用于电子标签系统的防碰撞基本运算法当中。为了提高 Aloha 算法的吞吐效率，针对 Aloha 算法形成了许多变形算法，其变形原理均是调整传送信息帧长、时隙等参数。

从上面建立的农产品追溯系统模型可以看出，在储运调度环节，尤其是在车辆进出的许多具体环节、流水线中货物的分类、叉车的运输和库存等方面，需要批量标签识别，因此标签批量识别性能对追溯系统的效率有重要影响。

目前射频识别技术领域广泛应用的 EPC_C1 G2 标准采用 Q 算法动态调整帧长度。Q 算法动态调整帧长，有效提高了识别效率。调整参数的示意图如图 6-4 所示。在这里，Q 为整数，用来指示标签产生随机数的范围，Q_{fp} 为浮点数，是 Q 的精确值，Q 是最接近 Q_{fp} 的整数。

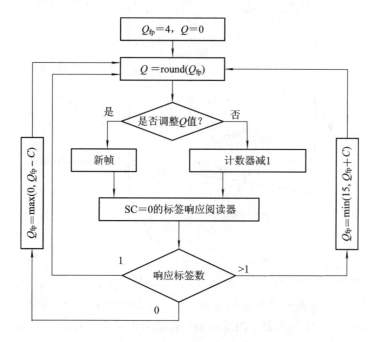

图 6-4　Q 算法参数调整示意图

Q_{fp} 的初值为 4.0，C 为可调步长，$C \in [0.1, 0.5]$。EPC_C1 G2 标准采用不等长的帧，与固定帧长的方法相比，更有效地提高了识别效率。此外，该算法根据识别时隙、空闲时隙和冲突时隙的数量来确定是否结束当前帧，进一步提高了识别效率。

6.1.6　DENFF 算法

如前所述，Q 算法动态调整帧长度，大幅提高了识别效率，被广泛采用。但是，Q 算法

中调整步进 C 在标准里只给出了取值范围为 $0.1 \sim 0.5$，并没有给出取值的规则，实际应用中如果 C 值过高会导致频繁调整帧长度，使系统不稳定。反之，如果 C 值过低，则会导致调整迟滞，无法跟踪剩余标签数的变化，降低系统识别效率。本节介绍一种基于首帧识别标签数估计初始标签的动态帧时隙 Aloha 算法，称为 DENFF（DFSA Algorithm based on Estimation Number of Tags in First Frame）算法。该算法基于首帧识别标签数估计初始标签，进而动态调整长度。具体方法是：仅在第一帧结束后估计一次初始标签数目，此后利用每帧待识别标签数减去本帧成功识别标签数，结果作为下一帧的帧长度，实现最优识别。标签数估计方法采用 Vogt 算法。

该算法的处理流程如图 6-5 所示。

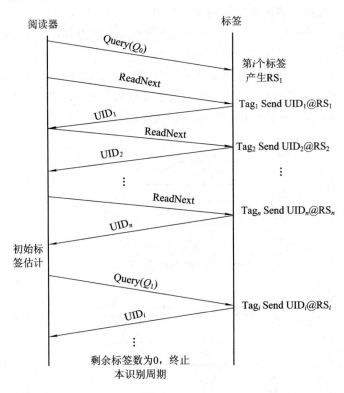

图 6-5 DENFF 算法处理流程

假设阅读器覆盖范围内的标签数为 n，将 n 个标签全部识别一次的过程定义为一个识别周期，每个识别周期由若干个识别帧组成，在一个识别帧里，每个标签只响应一次阅读器轮询命令 ReadNext，每帧由若干时隙组成，每帧所含时隙个数定义为帧长度，所有标签的应答均在时隙的起始时刻开始。

处理流程由 Query(Q_0) 命令启动识别周期的第一帧识别，Q_0 参数为初始参数，收到 Query(Q_0) 命令后，第 i 个标签产生一个小于等于 Q_0 的随机自然数 RS_i 作为期望响应阅读器的时隙号，并在阅读器发送第 RS_i 次 ReadNext 命令后响应阅读器回传自己的 UID_i。

阅读器利用曼彻斯特编码识别标签信号碰撞情况，如果第 k 时隙只有一个标签响应，则成功识别标签，该时隙记为成功时隙 S_s，成功时隙计数器 N_s 增加 1；如果有多个标签响应，则发生信号碰撞，该时隙记为碰撞时隙 S_c，碰撞时隙计数器 N_c 增加 1；如果没有标签响应，则该时隙记为空时隙 S_e，空时隙计数器 N_e 增加 1。

完成 Q_0 个时隙识别后，阅读器根据 N_s、N_c 和 N_e 的值估计初始标签数 $\hat{n}$。因为当待识别标签数等于帧长度时识别效率最高，所以令 $Q_1 = \hat{n} - N_s$ 并启动第 2 帧识别，以此类推，直到完成所有标签的识别，从而结束本识别周期。

第 1 帧帧长为 Q_0，待识别标签数为 n，每个标签产生 $RS_i = m$，m 小于等于 Q_0 的概率为 $P = 1/Q_0$，则同一个时隙有 r 个标签选择的概率为

$$P(Q_0, n, r) = C_n^r \times \left(\frac{1}{Q_0}\right)^r \times \left(1 - \frac{1}{Q_0}\right)^{n-r} \tag{6-1}$$

显然，根据 r 取值为 1、0 和大于等于 2 三种情况可以相应得到成功时隙、空闲时隙和碰撞时隙的概率，当 $r=1$ 时得成功时隙概率为

$$P(Q_0, n, 1) = \frac{n}{Q_0} \times \left(1 - \frac{1}{Q_0}\right)^{n-1} \tag{6-2}$$

因此，在一帧内成功时隙数的期望值为

$$E[P(Q_0, n, 1)] = Q_0 \times P(Q_0, n, 1) = n \times \left(1 - \frac{1}{Q_0}\right)^{n-1} \tag{6-3}$$

当 $r=0$ 时空闲时隙概率为

$$P(Q_0, n, 0) = \left(1 - \frac{1}{Q_0}\right)^n \tag{6-4}$$

同理，空闲时隙的期望值为

$$E[P(Q_0, n, 0)] = Q_0 \left(1 - \frac{1}{Q_0}\right)^n \tag{6-5}$$

因为一个时隙只有成功、空闲和碰撞三种情况，所以容易求得碰撞时隙概率为

$$P(Q_0, n, r \mid r \geqslant 2) = 1 - P(Q_0, n, 0) - P(Q_0, n, 1) \tag{6-6}$$

碰撞时隙期望值为

$$E[P(Q_0, n, r \mid r \geqslant 2)] = Q_0 - E[P(Q_0, n, 1)] - E[P(Q_0, n, 0)] \tag{6-7}$$

利用 Vogt 算法可得初始标签数的估计为

$$d(Q_0, N_s, N_c, N_e) = \min \left\| \begin{pmatrix} E[P(Q_0, n, 1)] \\ E[P(Q_0, n, 0)] \\ E[P(Q_0, n, r \mid r \geqslant 2)] \end{pmatrix} - \begin{pmatrix} N_s \\ N_e \\ N_c \end{pmatrix} \right\| \tag{6-8}$$

6.1.7　仿真实验

全局吞吐量性能是衡量 RFID 批量识别性能的重要指标。全局吞吐量定义为在整个识别周期内完成阅读器覆盖范围内全部标签识别，传输有用信息所占用的时间与识别周期所消耗的总时间之比。下面采用 Monte Carlo 方法对本节介绍的标签估计算法（DENFF）和 Vogt 及 Q 算法的标签估计算法的全局吞吐量性能进行仿真和比较。Monte Carlo 方法处理过程如下：

当 n 为给定值时，每个标签生成一个随机数 $AS_i (i=1, 2, \cdots, n) \in [1, Q_0]$，表示第 i 个标签希望在第 AS_i 时隙响应阅读器。如果 $AS_i = AS_j (i \neq j)$，则说明 AS_i 时隙是碰撞时隙。任意 $j \in [1, n]$，如果 $j \neq i$ 一定有 $AS_i \neq AS_j$，则 AS_i 是一个有效时隙。

在 DENFF 算法里，Q_0 值为首帧帧长度的真值，而 Q 算法中 Q 值为帧长度的对数值

（以 2 为底），为了保持参数一致性以便于性能对比，DENFF 算法中 Q_0 设为 1024，而 Q 算法中 Q 值设为 10（即对应真值为 1024）。

在图 6－3 所示的农产品追溯系统仓储环节中，需要对入出库区的货运车辆和转运叉车进行整车批量识别。以某茶叶质量追溯为例，采用常用的转运叉车，叉车一次能够承运 5 个茶叶运输大箱，1 个大箱装 6 个批发小箱，1 小箱装 6 个最小销售单元的茶叶礼盒，每个礼盒内壁贴有 RFID 标签作为一个识别单元，则一个转运叉车的整车批量识别标签数为 180。以西湖龙井茶某规格礼品包装盒（32 cm×21 cm×8 cm）为例，每盒体积为 5376 cm³。常见的 2.5 t 箱式货运车辆，按其容积为 12 m³ 计算，每辆可以装载 $12 \times 10^6 / 5376 = 2232$ 个礼品盒。因此防碰撞算法需要能够适应 180～2232 个标签规模的批量识别。实验参数：标签数 n 从 100～2500 变化，步进为 20。仿真结果如图 6－6 所示。

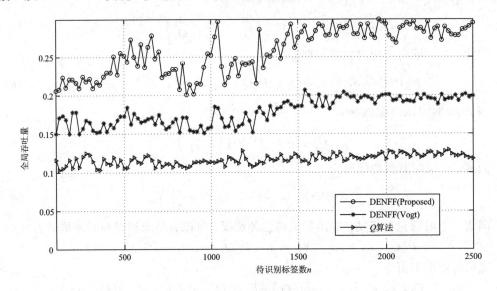

图 6－6　全局吞吐量性能仿真结果

从图 6－6 可以看出，与 Q 算法相比，DENFF（Proposed）算法全局吞吐量性能得到了显著提高，大约提高了 30%。DENFF（Vogt）性能介于 Q 算法和 DENFF（Proposed）算法之间。将 DENFF（Proposed）算法和 Q 算法作为 EPC_C1 G2 标准的标签防碰撞方法用于上文设计的农产品追溯模型，通过仿真比较各种算法批量识别的延迟性能。假设每个标签仅传输 64 位 UID 信息，物理层通信速率为标准规定的最低速率 26.7 kb/s，则时间延迟为

$$\text{delay}(n) = \frac{64n / (26.7 \times 10^3)}{\eta_{\text{syn}}} \tag{6-9}$$

仿真参数与图 6－6 相同，延迟仿真结果如图 6－7 所示。

从图 6－7 可以看出，DENFF（Proposed）的延迟最小，DENFF（Vogt）的延迟次之，Q 算法的延迟最大。而且 n 值越大，DENFF（Proposed）的延迟性能相对其他两种情况优越性越明显，因此适合于大规模标签数的情况。综合图 6－6 和图 6－7 可知，当 $n＝180$ 时，如果采用算法 DENFF（Proposed），则全局吞吐量为 0.22，标签识别叉车所需时间约为 4 s。在实际叉车转运中，扫描时间小于 5 s 完全可以满足转运要求。当 $n＝2232$ 时，如果采用 DENFF（Proposed）算法，从图 6－7 可以看出，1 卡车标签的批次识别延迟约为 18 s。这意味着从仓库进出口货物的识别时间小于 20 s，能够满足实际的等待要求。

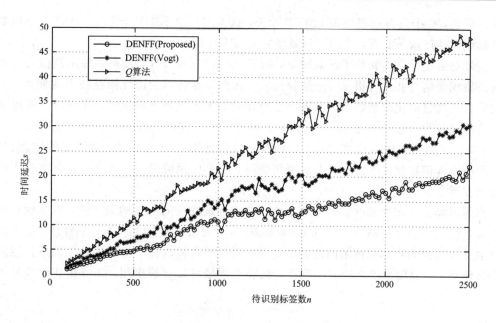

图 6-7　延迟仿真结果

6.2　猕猴桃果园温度信息实时采集系统

6.2.1　项目概述

在网络蓬勃发展的当今社会，物联网作为世界信息产业的第三次浪潮，与国民经济各方面的结合日益紧密。我国作为农业大国，目前物联网在农业领域的应用还不普及，物联网在农业信息化、农业领域具有广阔的应用前景。

本节针对猕猴桃产业，运用物联网技术，通过使用传感器来感知果园温度，应用 4G 通信模块将猕猴桃果园的温度数据上传至云端，运用 OneNET 云平台可以在手机上实时监测果园的温度，使用物理手段将温度控制在作物生长的最佳温度，从而使猕猴桃产业向高产、优质、高效、安全、生态和集约化方向发展。

6.2.2　需求分析

陕西、四川的猕猴桃种植面积占全国的 68.3%，产量占 94.8%，是我国最重要的猕猴桃种植和产业的聚集带，尤其西安市周至县和宝鸡市眉县两县猕猴桃种植最为集中，形成了规模化生产。推动猕猴桃果园智能化发展是陕西省以特色果园带动农业发展的重大举措。而温度是限制猕猴桃分布和生长发育的主要因素，每个品种都有适宜的温度范围，超过这个范围则生长不良或不能生存。猕猴桃种群间对温度的要求也不一致，如中华猕猴桃在年平均温度 4℃～20℃之间生长发育良好，而美味猕猴桃在 13℃～18℃范围内分布最广。猕猴桃的生长发育阶段也受温度影响，研究表明，当气温上升到 10℃左右时，美味猕猴桃幼芽开始萌动，15℃以上时能开花，20℃以上时能结果，当气温下降至 12℃左右时则进入落叶休眠期，整个发育过程约需 210～240 天，这期间日温不能低于 10℃～12℃。所以要想提升猕猴桃的产量与品质，监测控制温度是至关重要的。

国外对温度采集控制技术研究较早，始于 20 世纪 70 年代，最初是采用模拟式的组合仪表采集现场信息并进行指示、记录和控制。现在世界各国的温度测控技术发展很快，一些国家在实现自动化的基础上正向着完全自动化、无人化的方向发展。我国对于温度测控技术的研究较晚，始于 20 世纪 80 年代。工程技术人员在吸收发达国家温度测控技术的基础上，掌握了温度室内微机控制技术，该技术仅限于对温度的单项环境因子的监测控制。温度测控设施信息化，在总体上正从消化吸收、简单应用阶段向实用化、综合性应用阶段过渡和发展。

当前市场上存在的温度实时采集系统在应用与使用中有一定的局限性，本节设计的温度采集系统运用温度传感器、Arduino 处理器、4G 通信模块、OneNET 平台接入，可以随时随地准确地检测到猕猴桃果园的温度变化，使得果农可以针对猕猴桃的生长适宜温度做出实时调整。该温度采集系统应用广泛，在农业领域可以普遍应用，并可在其他领域推广应用。

6.2.3 系统设计

1. 系统架构

猕猴桃果园温度信息实时采集系统主要分为硬件电路模块和软件程序设计模块两个部分。其中硬件电路模块由四个模块组成，分别是处理器模块、传感器模块、无线网络通信模块和电源模块，而软件程序设计模块则是由 Arduino IDE 软件编程开发完成的。猕猴桃果园温度信息实时采集系统的架构图如图 6-8 所示。

图 6-8 系统架构图

通过对猕猴桃果园温度信息实时采集系统的需求进行分析，系统使用温度传感器作为传感器模块，与 Arduino UNO R3 开发板相连接，将温度传感器放在猕猴桃果园中，用于采集温度信息，然后将温度信息传输给 Arduino 处理器，Arduino 处理器处理、转换、打包采集到的温度信息，通过 4G 无线网络模块连接中国移动物联网平台 OneNet，利用 HTTP协议上传温度数据。

2．主程序处理流程

系统的主程序流程图如图 6-9 所示。

处理流程如下：

（1）系统初始化，各个模块准备开始工作；

（2）温度传感器开始采集温度数据；

（3）处理器将温度数据格式化处理，封装成 json 格式，而后打包成 TCP 数据包；

（4）通过 4G 无线网络模块将 TCP 数据包发送到 OneNet 物联网平台；

（5）回到起始点继续循环。

3．软件设计

1）SIM900A 初始化

SIM900A 模块的初始化是由 Arduino 发送 AT 指令实现的。SIM900A 初始化的流程图如图 6-10 所示。首先是 Arduino 引脚的初始化，将两个数字引脚设置为软串口，然后发送指令注册网络信息，设置接入点 APN，激活移动场景，连接 One Net 服务器；最后进入后续程序。

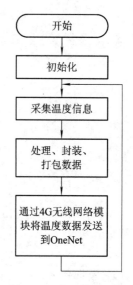

图 6-9　主程序流程图

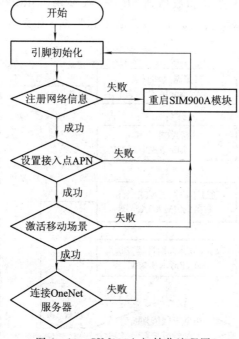

图 6-10　SIM900A 初始化流程图

2）封装 json 格式

根据 OneNet 物联网平台的开发者文档，OneNet 服务器只能接收和解析 json 格式的数据。封装 json 格式的流程图如图 6-11 所示，首先定义一个有 500 个字符容量的字符串变量，在其中加入数据固定不变的字符串，然后加入 OneNet 物联网平台注册的 device ID

和 apikey，再加入在 OneNet 平台设置的数据流名称（本设计中设置的是 temp），最后加入温度传感器采集的温度数据。

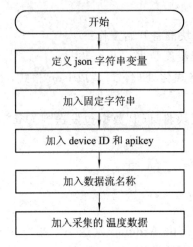

图 6-11　封装 json 格式流程图

3）发送数据

发送数据到 OneNet 平台服务器，同样采用 AT 指令。发送数据的流程图如图6-12所示，在采集温度和封装 json 格式数据之后，处理器将发送数据的 AT 指令和 json 数据连接在一起，通过串口发送 AT 指令和数据到 SIM900A 模块，SIM900A 模块接收到指令和数据之后，向 OneNet 平台服务器发送 HTTP 请求和数据，如果发送失败则重新发送，如成功则返回起点继续循环。

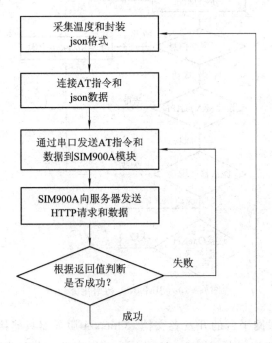

图 6-12　发送数据的流程图

6.3　基于二维码＋RFID 的猕猴桃种苗追溯系统

6.3.1　项目概述

在传统的猕猴桃品种培育中，猕猴桃品种多、差异大，优良猕猴桃育种周期长、投入大的缺陷使得培育优良猕猴桃的成本极其大。其培植包括枝接、根皮接、切接、嫩枝扦插、硬枝扦插等多个环节，对时间有着极为严格的要求。采用人工记录不仅效率低下、费时费力，而且无法实现精准育种。而利用二维码与电子标签相结合，可将猕猴桃培育自动化、信息化，在大批量记录和识别环节采用电子标签记录信息，利用射频识别阅读器进行批量信息写入和读取，实现种苗信息录入与追溯；在分散的和小规模信息查询环节不具备射频识别读写条件时则利用二维码进行读取。如此可实现猕猴桃全程自动化追溯，大幅提高猕猴桃育种管理效率。

本节利用二维码技术与 RFID 电子标签技术，构建了一套猕猴桃种苗溯源系统。基于这两种技术的溯源系统研究和实现，其主要目的在于，对种苗的整个培育过程、加工过程、运输过程、销售过程等进行无疏漏的跟踪与记录，为更好地保障种苗的真实性与信息化提供一个完整可靠的系统，同时避免人工效率低下的缺点。

6.3.2　需求分析

1. 设计目标

系统利用二维码与 RFID 电子标签技术相结合实现猕猴桃种苗溯源，可以对猕猴桃枝接、根皮接、切接、嫩枝扦插及硬枝扦插等多个环节进行信息记录，通过 RFID 电子标签大批量地进行种苗信息的写入和读取，实现种苗信息追溯，大幅提高猕猴桃种苗信息管理效率。

系统的主要目标用户有两类：种苗培育方与消费者。其中，种苗培育方是系统的主要使用者，包含使用硬件设备录入信息和管理数据两个模块，而消费者主要是通过二维码查询所购买的种苗的基本信息。

2. 系统功能需求

（1）对种苗培育的各个环节的信息进行记录；

（2）消费者能对种苗信息进行查证；

（3）对数据进行管理；

（4）对种苗信息进行来源追溯；

（5）种苗能与单个电子标签进行配对；

（6）手机 app 扫描二维码能显示种苗详细信息；

（7）通过使用本系统降低人工培育成本与繁琐程度。

3. 系统设计原则

（1）可维护性与完整性原则：系统功能全面，尽可能使操作记录详细、安全、完整设计科学合理，便于系统的升级与维护。

（2）实用性原则：系统设计界面人性化，功能从问题点出发，专注于解决需求问题，最终结果能让用户全面地了解到所需要的信息。

（3）可靠性与安全性原则：系统运行稳定，输出结果安全、可靠、准确，具备一定的安全性，能防御一定的安全攻击。

（4）经济效益性原则：在保证系统功能和性能的前提下，应尽量使用现有的资源进行系统的开发设计。

6.3.3 系统设计

1. 系统总体架构

系统共分为 6 个模块，分别为系统管理模块、数据管理模块、信息注册以及认证模块、种苗生产信息录入模块、硬件设备模块和信息综合查询模块，如图 6-13 所示。

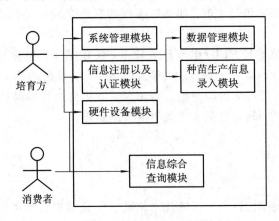

图 6-13 系统架构图

2. 系统功能

（1）用户注册及认证。系统提供用户的注册功能，分为种苗培育企业以及购买种苗的消费者两类。首先用户需要先登录注册页进行基本信息填写并注册，随后信息将传送给农业相关监管部门，在通过验证后，用户得到系统使用授权，注册成功。

（2）记录种苗培育各个环节的信息。种苗的培育环节包括枝接、根皮接、切接、嫩枝扦插、硬枝扦插。每个环节都需要记录多种信息数据。种苗生产信息录入模块通过与硬件模块相配合，将生产环节的各个数据记录到数据库中。

（3）种苗能与单个电子标签进行配对。通过硬件设备模块，每个种苗都能通过电子标签或者二维码使用户得到该种苗的基本信息，达到种苗与标签的一对一模式，使每一个标签能对应一类或一批次种苗。

（4）管理数据。系统可以对数据库中的信息进行管理（但不包括采集的生产环节的种苗的信息），对用户进行权限管理、基本信息修改、生产资料修改等。消费者需要的种苗的生产环节数据、运输数据、基本信息等在录入数据库后便上传到 IPFS 分布式数据库节点中，实现信息的安全、可靠、真实和无法篡改。

（5）追溯种苗信息的来源。通过 IPFS 分布式数据库的特性，在各个环节录入信息后便无法篡改，在产品到达用户手中后，用户可以根据追溯码对该产品来源进行追溯。该系统保证最终查询到的结果真实可靠，且各个环节信息全面。

（6）手机 app 扫描二维码能显示种苗详细信息。考虑到 RFID 电子标签并不能广泛应用于所有用户，系统提供通过二维码扫描的方式查询种苗基本信息的渠道，每个产品都会在包装上贴上专属的二维码图，当用户扫描后，手机 app 会显示种苗的基本信息。

（7）降低人工培育成本与繁琐程度。在传统的种苗培育过程中，人工培育是最主要的方式。人工培育的方法不仅费时费力，还极大地消耗生产成本。系统的重点也是通过 RFID 与二维码相结合的信息化方式降低人工培育成本与繁琐程度，使工作人员可以高效轻松便捷地完成生产工作，避免大量重复性、枯燥乏味的生产工作。

3. 系统模块设计

系统分为系统管理模块、数据管理模块、信息注册以及认证模块、种苗生产信息录入模块、硬件设备模块、信息综合查询模块。

（1）信息注册以及认证模块。系统中的目标服务群体主要为两大类，即种苗培育的生产方以及购买种苗的消费方。操作本系统的前提是需要使用该系统的信息注册认证模块注册账号，并由农业监管部门进行审核。审核通过后账号注册方可进一步完善自己的账户信息。本模块用例如图 6-14 所示。

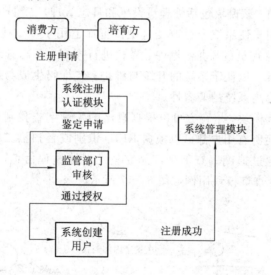

图 6-14　注册认证管理模块

（2）种苗生产信息录入模块和硬件设备模块。种苗生产信息录入模块对种苗的各个生产环节、入库时间、出库时间、运输过程、原产地等信息进行存储。生产全程由培育员通过硬件设备收集信息，将数据进行批量整理，并传输存储到系统数据库中。整个采集信息的过程由种苗生产信息录入模块与硬件设备模块共同完成。模块用例如图 6-15 所示。

（3）数据管理模块。该模块对系统中所使用的相关数据以及收集到的信息进行管理，主要包括对消费者以及培育方的信息管理、生产资料数据的管理等。模块用例如图 6-16 所示。

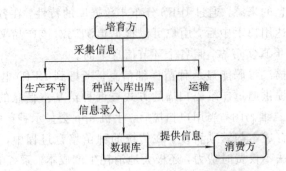

图 6-15　种苗生产信息录入模块

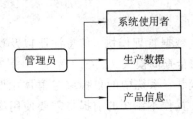

图 6-16　数据管理模块

（4）系统管理模块。该模块包括管理员设置和日志管理、二维码生成设置、硬件数据传输设置等多个功能，用于使系统通过改变基础设置而适用于多个业务场景中。其中，管理员设置主要是对超级管理员的添加、删除、降权进行授权；日志管理主要用于对系统运行过程中的操作进行记录，以便于系统的升级与维护；二维码生成与硬件数据传输设置使系统能兼容多种设备，提高系统的兼容性。

（5）信息综合查询模块。培育方可以根据自己的关键字查找到自己企业的基本信息以及所有的生产信息。而所有用户都可以根据 RFID 识别或者扫描二维码的方式查询到产品的所有基本信息，并通过追溯码查询到产品完整的运输过程信息，保证产品的来源可靠、安全、真实。信息综合查询模块用例如图 6-17 所示。

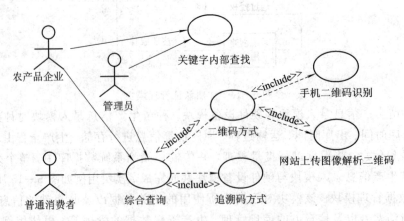

图 6-17　信息综合查询模块

4. 数据库设计

狝猴桃种植追溯系统是一个以数据为核心的系统，数据库对于整个系统的重要性不言而喻。该系统主要应用两类数据库，分别是以 MySql 为代表的传统数据库以及分布式数据库 IPFS，主要涉及记录与追溯产品生产过程以及运输过程中的重要信息，良好的系统性能离不开高质量且全面的数据库设计。生产环节信息、生产过程的操作信息、产品基本信息等都需要数据库的支撑。因此，根据系统的需求分析，按照数据库设计的基本原则，设计出了数据库表结构，如图 6-18 所示。

种苗信息表	种苗ID	种苗品种名称	RFID编码	种苗基本信息			
操作时间表	种苗ID	生产企业ID	枝接时间	根皮接时间	切接时间	嫩技扦插时间	硬枝扦插时间	入库时间
生产企业表	ID	编码	企业名称	企业级别			
运输过程表	种苗ID	出库时间	到达时间	接收人ID			
用户表	ID	姓名	年龄	性别			

图 6-18　数据库模块

5. 二维码的应用

二维码应用中存在两个问题。首个问题是确定二维码中所存储的内容。由于狝猴桃产品溯源的各种操作较多，需要存储的内容较多，而 qr 码最多只能存储 1817 个汉字字节。另一个问题是在日常生活中大部分消费者都是通过手机扫码的方式进行二维码信息解码阅读的，而手机的屏幕有限，且二维码识别软件的识别速度和二维码本身携带的信息量成反比。综上所述，二维码图像中所携带的信息不宜过多，在有限的二维码存储阵列中如何存放更多的信息成了重点。结合实际情况，本系统采用的是在二维码中存储一个 HTTP 地址，该地址包括一个查询狝猴桃信息的 URL 和专属于某个狝猴桃的识别码，每个狝猴桃都有一个与之对应的二维码，当用户扫码后可以进入网站查看所有信息。

6.4　基于物联网技术的污水处理系统

6.4.1　项目概述

近些年，环境污染日益加重，其中，绝大部分的污染来自工业生产。工业发展是一把双刃剑，既对人类的发展有着相当重要的意义，同时也不断地破坏人类的生活环境，是一种以牺牲环境来换取短暂利益的发展。我国作为一个制造业大国，高投入、高消耗、高排放的工业发展方式依然随处可见，其对水资源的污染程度尤为严重。为了能够让人们喝上放心水，留给自己未来及子孙后代一个良好的生活环境，我国政府已出台相关污水排放政策，很多工业集团也开始进行生产线改造。

污水排放是人类群居生活的正常现象，但是如果对污水未进行合理处理，则将破坏人类生活的环境。随着时间的推移，这种破坏又会作用在人类身上，造成难以估计的灾难和损失。因此，在人类聚居区，污水处理是必不可缺的环节。传统的污水处理方法主要依靠人工处理，实时性差、处理周期长、处理效率低。随着科技的发展，基于物联网技术的污水处理系统，层出不穷，该类系统相对于人工处理而言，具有处理准确、时效快、处理周期短、效率高等优点，并且节省人力物力，能够有效地降低污水对环境的影响。

6.4.2 系统功能设计

系统的主要内容与基本功能如下：

（1）采用 51 单片机作为系统的控制模块，搭建外围最小控制电路，如时钟电路和复位电路等，完成基本控制功能；

（2）对常见的重金属离子传感器、溶解氧监测传感器、pH 值监测传感器等污水参数传感器进行研究分析，选择至少一种传感器加以设计实现，能够实时检测水质情况；

（3）利用单片机读取传感器所采集的数据，并在液晶屏上实时显示；

（4）通过按键方式，设置水质检测的报警阈值，当传感器的检测值与给定值发生偏差时，系统能够进行声光报警提示。

6.4.3 系统设计

1. 系统总体设计

污水处理装置主要由单片机及其外围的复位和时钟电路组成的主控单元、输入器件和输出器件等三大部分构成。其中，输入器件包括电源电路、pH 检测电路，输出器件包括液晶显示电路、声光报警电路等。系统总体设计框图如图 6-19 所示。

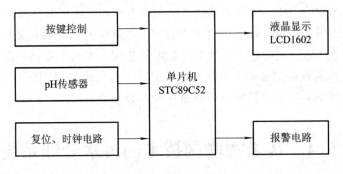

图 6-19 系统总体框图

2. 系统主程序设计

系统的主程序是完成系统功能的基础，包括单片机以及传感器和液晶显示器等输入/输出器件的基础控制。在基础控制过程结束之后，将会自动执行主程序并随时调用各个功能子程序，完成 pH 值检测、显示、报警和参数设置等功能。主程序流程图如图 6-20 所示。开机上电初始化之后，pH 传感器检测水的酸碱度，程序判断有无 pH 值转换标志，并在单片机中运算处理温度数据，当单片机判断出由按键设置的温度设定值与传感器检测值之间出现差值时，系统自动执行报警子程序。

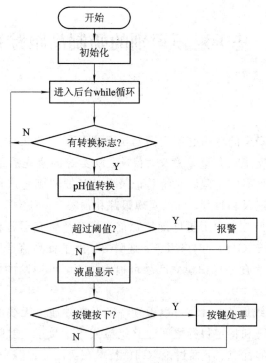

图 6-20 主程序流程图

3. 水质检测程序设计

pH 检测模块将电压量的变化转换为数字信号输出需要经过 A/D 转换，如图 6-21 所示。

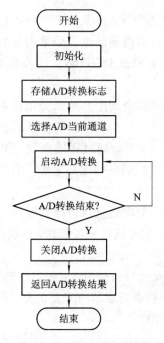

图 6-21 水质检测 A/D 转换处理流程图

6.5　基于射频识别的奶制品跟踪系统

6.5.1　项目概述

近年来，奶制品的安全问题引起了全国乃至全世界的广泛关注。加强对奶制品的检验和监管，对提高奶制品质量具有重要意义。目前，欧美等国家先后颁布了强制性食品安全跟踪系统的有关条例。食品安全跟踪系统是记录食品从原料到生产再到运输整个流程的信息。通过对过程信息的记录和整理，可以实现跟踪和预警。一旦出现问题，就可以快速追溯到源头并尽快找到问题所在。为了更好地追踪信息，已经研究出各种相关的信息技术，如二维条码、地理信息系统(GIS)、网络服务、虹膜等，由于食品流通阶段产品数量较大，如果采用传统的条形码作为食品标识建立产品可追踪体系，可追踪的效率较低，所以迫切需要新的标识技术的支持。

射频识别是一种无线通信技术，可以识别特定目标并通过无线电信号读取和写入相关数据，而无需在识别系统和特定目标之间建立机械或光学接触。射频识别技术具有信息获取快速、准确和非接触的优点。下面讨论 RFID 技术在奶制品追踪中的应用。

6.5.2　需求分析

1. 系统组成

奶制品跟踪系统由一系列过程组成，涉及许多角色，主要由以下五个角色构建。

(1) 原料供应商。原料供应商是奶制品生产最早的接触者，原料供应过程中的所有奶制品必须由原料供应商收集，然后通过 RFID 装置将收集的奶制品信息记录到计算机中，并且输入奶制品生产信息。

(2) 运输商。奶制品从原料的供应到生产后的分销都需要运输商的参与，因此在奶制品追踪系统中，运输环节的信息也是一个很重要的信息记录环节。

(3) 加工商。牛奶从奶牛场出来后，通过运输商到达加工商，需要对原料进行加工处理，处理信息也是最终实现所需追踪信息的主要来源，所以需详细记录整个加工流程的信息，以便后续的查询追踪。

(4) 销售商。销售商从加工厂里取到货源运输到仓库，然后将加工好的奶制品摆上货架，供消费者选购。在此过程中，卖方输入销售信息，以供企业对商品售出的信息进行全程追踪和查看。

(5) 消费者。消费者是奶制品最后的使用者，如果在使用过程中出现问题，可通过附着在奶制品包装盒上的电子标签来获取奶制品的完整信息，找出奶制品问题所在，实现消费者对奶制品信息来源的查询和溯源。

2. 系统功能

奶制品追踪系统分为五个模块，分别实现如图 6-22 所示的功能。

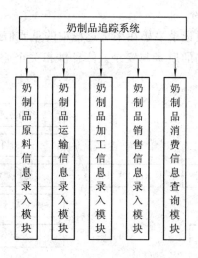

图 6-22　奶制品追踪系统功能模块

6.5.3　系统设计

1. 系统总体架构

系统主要是由天线、电子标签、奶制品数据库和网络等构成。其架构图如图 6-23 所示。

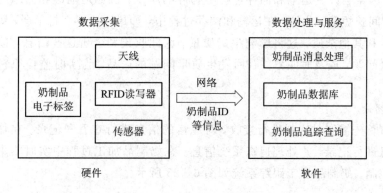

图 6-23　系统架构图

2. 奶制品追踪系统设计

奶制品生产过程主要由五部分组成：原料奶生产、奶制品加工、运输、产品销售和售后查询。在原料奶生产过程中，RFID 系统将准确记录挤奶日期、挤奶时间和奶牛品种等重要挤奶信息。仓库中要处理的信息，包括运输日期、保存手段、运输公司和负责人的详细信息，以及原料奶储存的信息。在处理期间，记录每个过程的数据。将信息收集到中央存储器供各个环节追溯。最后，消费者可以使用产品上标识的电子标签查询以获得产品的整个信息。通过这种方式，生产过程透明、信息公开，可以更好地树立品牌、建立消费信心，从而实现产品品牌化，最终增加产品收入。

1）原料奶生产和运输部分

建立原料跟踪系统，实时记录牛奶在采集过程中的重要信息，如：奶牛品种、挤奶日期和保存方式等，以确保原料奶的质量与安全。信息供相关企业查看和追踪。原料奶生产和运输结构如图 6-24 所示。

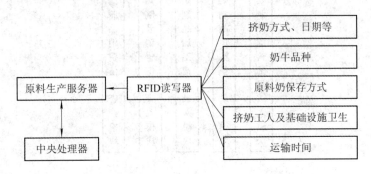

图 6-24　原料奶生产和运输结构图

在原料奶采集环节，影响质量的因素为采集环境卫生、挤奶操作和运输储存。一是养殖场养殖环境卫生状况，包括牛奶容器的清洁状况，以及挤奶人员的个人卫生是否符合标准等。二是挤奶操作。如今，大型养殖场都使用自动化挤奶操作设备。机器的清洁和消毒尤为重要，轻微的疏忽可能导致该机器挤出的奶不符合标准，严重影响生产效率。三是运输存储。有许多因素会改变运输和储存过程中奶源的质量，例如运输罐和储罐的消毒和清洗情况、运输时间长短等。此外，在运输和储存过程中，如果运输罐密封不严，则有可能混入微生物或灰尘和其他杂质，这将影响牛奶质量。因此收集和分析这些信息，预防或控制可能出现的质量问题，或及时叫停、召回发生质量问题的产品，为实时监控原料奶的质量提供保障。

2）加工部分

加工环节首先需要对原料进行接收，对原料的信息进行查看和记录。在加工过程中需对加工的信息进行记录，并处理追踪系统信息。在奶制品加工过程中实时收集安全信息并进行分析和控制。奶制品加工跟踪系统如图 6-25 所示。

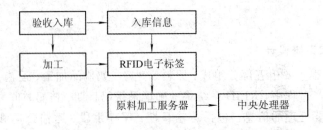

图 6-25　奶制品加工跟踪系统

在加工环节，影响奶制品质量的因素主要是加工操作中设备卫生状况和产品包装环节。一是处理操作，记录原料在加工时加工设备和操作环境是否完全清洁和消毒，尤其是传送带的清洁程度，操作程序是否标准化，以及每个步骤结束后产品卫生是否符合标准。

对于管道、加工工具及传送带设备等要定期进行清洁和消毒，并详细记录相关信息以供后续核对和查看，以确保卫生符合标准。二是产品包装环节，包括产品在包装环节的环境卫生和操作过程。在包装过程中，设备没有完全消毒，细菌在灌装过程中是否侵入，包装是否严格，包装的材料是否符合标准，这些都是影响奶制品质量的关键因素。

3）销售部分

在销售环节，要记录产品销售情况和销售过程的实施情况，防止在销售环节中发生掉包、替换和以次充好等行为。如在销售中发现质量问题，要对同一批次产品查看和核验，以防发生食品安全事件，并通过与中央处理器交换信息来保证奶制品的安全和质量。奶制品销售跟踪系统的结构图如图 6-26 所示。

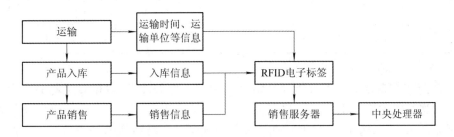

图 6-26　奶制品销售跟踪系统的结构图

4）售后查询

消费者可以使用 RFID 标签查询产品的整个生产和销售过程，以便消费者可以放心购买。一旦产品出现问题，消费者或零售商就可以通过标签查看产品的信息，快速定位问题产生的地方，通知相关方及时进行售后服务。奶制品售后跟踪系统结构图如图 6-27 所示。

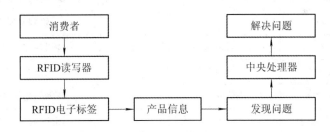

图 6-27　奶制品售后跟踪系统结构图

3. 数据库的设计

奶制品追踪系统在整个过程中为每个节点生成大量数据，因此对数据的规格和数据的处理速度都有较高的要求。该系统主要是基于 RFID，结合电子标签的写入和读取过程特点，对数据库进行详细分析和设计。

1）奶制品原料供应环节的数据设计

这一环节所面对的对象是奶制品的原料供应商，该部分数据由供应商维护，其主要数据是奶制品原料信息。奶制品生产信息表中的属性主要包括奶制品编号、原料名称、数量、原料供应单位、挤奶日期、奶牛饲料情况及供应商联系方式等，如表 6-1 所示。

表 6-1　奶制品生产环节数据表

字段名称	数据类型	字段大小	说　　明
ID	char	20	原料编号
Name	char	20	原料名称
Number	Int	20	原料数量
Product	char	30	生产单位
PluckTime	char	50	挤奶日期
Feed	boolean	2	使用饲料情况
ProduCode	char	50	供应商联系方式

2) 奶制品追踪环节的数据设计

这一环节的数据是消费者对奶制品信息查询的主要关注点,数据是奶制品全流程信息的综合。数据表中的属性主要包括奶制品编号、名称、数量、生产单位、奶牛使用饲料情况、奶制品加工单位、奶制品加工日期、奶制品加工员、奶制品销售单位、生产商联系方式、加工商联系方式、销售商联系方式等,如表 6-2 所示。

表 6-2　奶制品追踪环节数据表

字段名称	数据类型	字段大小	说　　明
ID	char	20	奶制品编号
Name	char	20	奶制品名称
Number	int	20	奶制品数量
Product	char	30	奶制品生产单位
PluckTime	char	50	挤奶日期
Feed	boolean	2	奶牛使用饲料情况
ProduCode	char	50	生产商联系方式
Process	char	30	奶制品加工单位
Process Time	char	20	奶制品加工日期
Processing	char	20	奶制品加工员
Process Code	char	20	加工商联系方式
Sell	char	30	奶制品销售单位
Sell code	char	20	销售商联系方式
Sell	char	30	奶制品销售单位
Sell code	char	20	销售商联系方式

6.6　基于电子标签的水果溯源系统

6.6.1　项目概述

水果溯源系统采用射频识别技术与二维码相结合实现水果质量跟踪追溯管理。从水果挂果期开始，在每块果园地块都设置有射频识别电子标签，用以记录水果用药用肥等农事信息，采摘时读取果园标签信息，并将信息上传至数据中心，水果包装箱同时贴有电子标签或二维码，通过阅读器读取电子标签或手机扫描二维码均能连接到数据中心。在后续的分包、仓储、物流、销售等各个环节中，如果具备阅读电子标签条件，则通过阅读器对电子标签信息进行读写操作，实现全程追踪溯源信息的写入、更新和查询操作。对于终端消费侧，采用手机扫描二维码的方式可以实现信息的查询。

6.6.2　需求分析

基于电子标生签的水果溯源系统的总体功能是实现溯源可查询。溯源系统查询是基于种植信息采集产生的，所以可采用由员工实施、管理员审核的方法进行农事信息的录入活动，通过系统平台权限分配技术为不同使用者分配不同权限，从而达到分而治之的效果。溯源信息以二维码和电子标签为载体，以产品包装后进入市场环节为重点设计溯源系统。

6.6.3　系统设计

1. 系统架构设计

基于电子标签的水果溯源系统在农事过程中由员工进行种植计划申请，再由管理员进行审核批复，审核通过后，员工按照种植计划进行作物的农事活动，并及时添加相应加工操作记录，每项记录由管理人员审核，作物完成生长周期后，进行采摘、贴标运输等环节，经员工送至质检部门进行检测，并填写详细信息，质检完成后，员工准备相关支撑材料并申请批复，管理员进行审核批复后，批准上市。上市后由合作经销商产生相关信息并上传至数据中心，直到产品到达用户手中。用户可通过不同终端查询电子标签或二维码上含有的溯源信息，通过该码可溯源信息管理平台询问工作人员，或由溯源平台合作经销商通过电子标签扫描查询相关信息，也可使用个人智能手机扫描溯源信息二维码查询溯源信息。流入市场后信息采集过程如图 6-28 所示。

2. 系统功能设计

1）水果溯源系统网站

本系统共有两类用户，其权限功能如图 6-29 所示。

■ 管理员权限。

管理员账号管理：添加、删除、修改、查询系统中所有账户信息；

水果类别管理：添加、删除、修改、查询水果分类条目；

水果信息管理：添加、删除、修改、查询各水果详细信息；

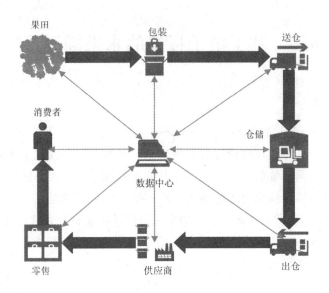

图 6-28 市场轨迹信息采集过程

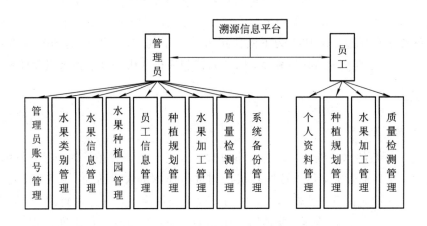

图 6-29 系统功能

水果种植园管理：添加、删除、修改、查询种植园详细信息；

员工信息管理：添加、删除、修改、查询员工详细信息；

种植规划管理：删除、修改、查询、审批种植规划；

水果加工管理：删除、修改、查询、审批水果加工信息；

质量检测管理：删除、修改、查询、审批质量检测信息；

系统备份管理：备份当前系统数据信息。

■ 员工权限。

个人资料管理：修改、查询当前个人信息；

种植规划管理：添加、删除、修改、查询与该员工相关的种植规划；

水果加工管理：添加、删除、修改、查询与该员工相关的加工信息；

质量检测管理：添加、删除、修改、查询与该员工相关的质量检测信息。

2）射频识别技术的应用

成功发布产品后，通过给集装箱、批发箱体附带射频识别标签可大幅提高生产效率。水果作为强时效性产品，新鲜程度严重影响着产品质量，通过高效的生产运输模式能有效缩减产品到用户手中的时间，在短期的时间内也可达到理想的溯源效果。中间渠道生产运输过程如图 6-30 所示。

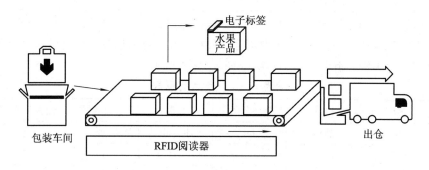

图 6-30　生产运输过程

在收果期粘贴二维码于每个产品，在包装期附带电子标签于箱体，出厂后的物流运输过程都将依靠电子标签实现，通过电子标签和二维码均可访问数据库的信息。一般而言，用户并没有相应的 RFID 阅读器设备，但可以通过智能手机终端扫描水果上附带的二维码标签来查询相应信息。若产品不慎进入强磁等意外环境，二维码可作为补充手段；若产品不慎划伤损坏二维码，则可通过产品包装盒利用电子标签识别信息。

3. 数据库设计

1）数据库表设计

用户表是每个数据库的基本用户信息，通过对不同用户权限的约束行为，达到对数据库合理管理的目的，包含用户编号、用户登录名、用户密码以及添加时间等信息，其中用户编号 ID 为主键，不允许为 NULL，如表 6-3 所示。

表 6-3　用户表

字段	描述	数据类型	长度	允许为空	是否为主键
ID	用户编号	int	default	否	是
username	用户名	varchar	50	否	否
pwd	密码	varchar	50	是	否
addtime	添加时间	datetime	default	是	否

产品类别表相当于一个书签，它可以把每个水果加以分类，使产品查找时更加便捷。其中包含产品类号、产品类名以及添加时间，其中产品类编号为主键，不允许为 NULL，如表 6-4 所示。

表 6-4　产品类别表

字段	描述	数据类型	长度	允许为空	是否为主键
ID	产品类号	int	default	否	是
cplb	产品类名	varchar	50	是	否
addtime	添加时间	datetime	default	是	否

产品信息表将同一批次产品的相关详细信息加以记录，是溯源信息的源头。其中包含水果编号、溯源编号、产品名称、产品类别、种植季节、种植照片、种植用地以及添加时间。其中产品编号为主键，不允许为 NULL，如表 6-5 所示。

表 6-5　产品信息表

字段	描述	数据类型	长度	允许为空	是否为主键
ID	产品编号	int	default	否	是
sybh	溯源编号	varchar	50	是	否
cpmc	产品名称	varchar	300	是	否
cplb	产品类别	varchar	50	是	否
zzjj	种植季节	varchar	50	是	否
zzzp	种植照片	varchar	50	是	否
zzyd	种植用地	varchar	50	是	否
addtime	添加时间	datetime	default	是	否

产品加工表详细记录产品的加工过程，是溯源信息的关注点。其中包含加工编号、品次编号、溯源编号、产品名称、产品类别、加工方式、产品数量、加工日期、加工人员、审核情况、添加时间以及其他备注信息。其中加工操作编号为主键，不允许为 NULL，如表 6-6 所示。

表 6-6　产品加工表

字段	描述	数据类型	长度	允许为空	是否为主键
ID	加工编号	int	default	否	是
pcbh	品次编号	varchar	50	是	否
sybh	溯源编号	varchar	50	是	否
cpmc	产品名称	varchar	300	是	否
cplb	产品类别	varchar	50	是	否
jgfs	加工方式	varchar	50	是	否
cpsl	产品数量	varchar	50	是	否
jgrq	加工日期	varchar	50	是	否
jgry	加工人员	varchar	50	是	否
beizhu	备注	varchar	500	是	否
issh	审核情况	varchar	2	是	否
addtime	添加时间	datetime	default	是	否

员工信息表详细记录了员工相关信息，是产品生产的主要执行人，是溯源系统中追溯的对象。其中包含员工编号、账号、密码、性别、电话、微信号、身份证号、照片、添加时间以及其他备注信息。其中主键为员工编号，不允许为 NULL，如表 6-7 所示。

表 6-7　员工信息表

字段	描述	数据类型	长度	允许为空	是否为主键
ID	员工编号	int	default	否	是
zhanghao	账号	varchar	50	是	否
mima	密码	varchar	50	是	否
xingbie	性别	varchar	50	是	否
dianhua	电话	varchar	50	是	否
weixin	微信号	varchar	50	是	否
shenfen	身份证号	varchar	300	是	否
zhaopian	照片	varchar	50	是	否
beizhu	备注	varchar	300	是	否
addtime	添加时间	datetime	default	是	否

质检表记录了产品主要信息以及送检的相关信息，是权威部门对质量监控的依据，是溯源系统中鉴别真伪性的一项重要指标。其中包含质检编号、品次编号、产品名称、产品类别、加工方式、产品数量、检测方式、合格率、检测日期、检测人、检测报告、审核情况、添加时间以及其他备注信息，其中质检编号为主键，不允许为 NULL，如表 6-8 所示。

表 6-8　质　检　表

字段	描述	数据类型	长度	允许为空	是否为主键
ID	质检编号	int	default	否	是
pcbh	品次编号	varchar	50	是	否
cpmc	产品名称	varchar	300	是	否
cplb	产品类别	varchar	50	是	否
jgfs	加工方式	varchar	50	是	否
cpsl	产品数量	varchar	50	是	否
jcfs	检测方式	varchar	50	是	否
hegelv	合格率	varchar	50	是	否
jcrq	检测日期	varchar	50	是	否
jcr	检测人	varchar	50	是	否
jcbg	检测报告	varchar	50	是	否
beizhu	备注	varchar	500	是	否
issh	审核情况	varchar	2	是	否
addtime	添加时间	datetime	default	是	否

种植园表记录了种植园的相关信息，是作物溯源生长环境记录。其中包含种植园编号、种植园基地编号、名称、面积、负责人、电话、照片、添加时间以及其他备注信息，其中种植园编号为主键，不允许为 NULL，如表 6-9 所示。

表 6-9　种植园表

字段	描述	数据类型	长度	允许为空	是否为主键
ID	种植园编号	int	default	否	是
zhybh	基地编号	varchar	50	是	否
mc	名称	varchar	300	是	否
mianji	面积	varchar	50	是	否
fuzeren	负责人	varchar	50	是	否
dianhua	电话	varchar	50	是	否
zhaopian	照片	varchar	50	是	否
beizhu	备注	varchar	300	是	否
addtime	添加时间	datetime	default	是	否

种植园规划表指种植前对种植园、所种植作物等情况制定详细规划。其中包含种植编号、规划名称、规划人、规划文件、规划简介、审核情况以及添加时间。其中种植编号为主键，不允许为 NULL，如表 6-10 所示。

表 6-10　种植规划表

字段	描述	数据类型	长度	允许为空	是否为主键
ID	种植编号	int	default	否	是
ghmc	规划名称	varchar	50	否	否
guihuaren	规划人	varchar	50	是	否
ghwj	规划文件	varchar	50	是	否
ghjj	规划简介	varchar	500	是	否
issh	审核情况	varchar	2	是	否
addtime	添加时间	datetime	default	是	否

2）数据库逻辑设计

数据库表内字段间联系如图 6-31 所示，其中连线为数据关系，加粗下划线为主键。

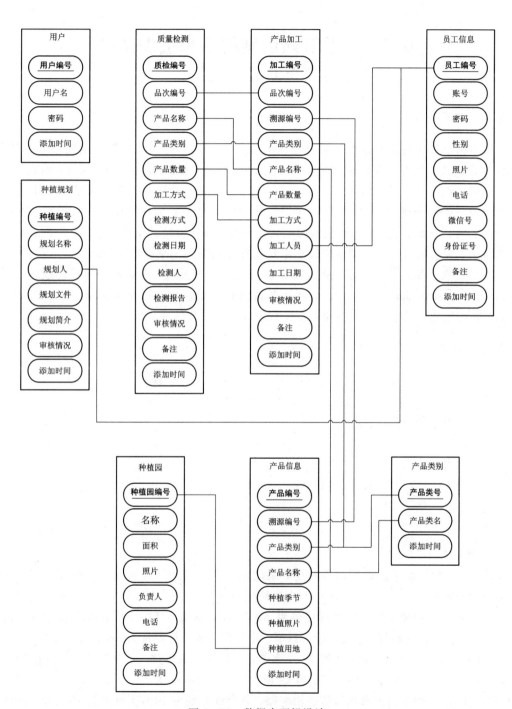

图 6 - 31　数据库逻辑设计

6.7 基于射频识别的瓜果类农产品自动分拣控制系统

6.7.1 项目概述

随着科学技术的进步及自动化技术的发展，越来越多劳动者从繁忙的农业、养殖业、园林业等领域中逐渐解放出来。我国是农业大国，工业已进入高度自动化时代，而农业、养殖业和手工业等的自动化水平还是相对落后的，但农业、养殖业的生产水平是关系我国综合国力发展的一个重要因素，党中央也提出要加强对乡镇农业的建设力度，将先进的技术应用到农村，提高生产力，解决三农问题，最终提高我国农民的生活水平。可以预见，在不久的将来，大量的智能化自动生产管理系统将在乡镇得到越来越广泛的应用。

瓜果类农产品自动分拣系统将复杂的事情交给电脑去做，劳动者只要看着电脑，控制电脑执行，实现智能化生产管理。应用智能检测和控制技术对水果的检测、采集过程进行控制，既可以使产品质量得到保障，又能有效地提高工作效率。

6.7.2 需求分析

瓜果类农产品自动分拣系统实现的功能主要有：
(1) RFID 技术实现瓜果种类识别；
(2) 瓜果质量采集；
(3) 数据处理；
(4) 瓜果的分类；
(5) 用 LED 灯指示系统的运行状态。

6.7.3 系统设计

1. RFID 射频模块功能

RFID 射频模块用来识别水果种类，采用 RFID-V1.0-A 模块，该模块可识别 ISO 14443A 标准非接触系列卡片，接口为 3.3 V 供电，TTL 232 串口通信，操作简单方便，只需发送简单的串口命令即可，可连接各种 MCU 或者通过 TTL 串口转换连接电脑，读取 M1 卡(S50 卡、S70 卡等)卡号、读写数据、修改密码等。其容量为 8K 位 EEPROM，分为 16 个扇区，每个扇区为 4 块，每块 16 个字节，以块为存取单位，每个扇区有独立的一组密码，访问控制每张卡有唯一序列号，为 32 位，具有防冲突机制，支持多卡操作，无电源，自带天线，内含加密控制逻辑和通信逻辑电路，数据保存期为 10 年，可改写 10 万次，读无限次。工作温度为 -20℃~50℃(湿度为 90%)，工作频率为 13.56 MHz，通信速率为 106 kb/s，读写距离为 10 cm 以内(与阅读器有关)。

2. 称重传感器

系统选用双孔悬臂平行梁应变式称重传感器，其具有精度高、易加工、结构简单紧凑、抗偏载能力强及固有频率高等优点。将应变片粘贴到受力的力敏型弹性元件上，当弹性元件受力产生变形时，应变片产生相应的应变，转化成电阻值的变化。将应变片接成电桥，压力引起的电阻变化将转换为测量电路的电压变化，通过测量输出电压的数值，再通过换算即可得到所测量物体的重量。

6.8　智能停车位感知与计费管理系统

6.8.1　项目概述

当今社会，计费管理在停车场管理中越来越常见，计费管理系统的出现使得停车场管理更加智能高效。停车场计费检测结果的准确性和精准度对停车管理的影响很大，随着智能控制设备的发展，计费管理技术也得到了很快的发展，无线射频停车场计费管理系统也应运而生。各种类型的计费控制技术优缺点不同，都有各自的优势，可以针对不同的情形进行不同的选择。与 20 世纪经常采用半自动人工计费管理技术相比，无线射频停车场计费管理系统具有几个比较明显的优势：

（1）提高了停车场计费管理数据的准确性。

（2）系统对停车场计费管理的分辨率明显提升，优化了系统的检测周期，减少了系统检测的操作步骤，提升了检测效率。

（3）对传统检测的模式进行了较大规模的扩展和推广，智能检测技术已经应用于停车场检测的各个方面，并发挥着重要的作用。

6.8.2　需求分析

（1）系统自动识别驶入的车辆信息，并进行计时计费。车辆进出时自动控制栏杆升起和降落，实现停车场内车辆计费数据无线传送。系统对停车场内的车辆数、车辆离开时的停车费用进行 LCD 液晶显示。

（2）存在多台车辆同时进入停车场的现象，实现自动统计车辆信息和计时收费。

6.8.3　系统设计

1. 常规模式主程序流程图

系统为基于单片机的无线射频停车场计费管理系统，其中单片机为整个系统的核心控制模块，整个系统的功能运转、任务调度以及数据的分配都是由单片机所分配完成的。本系统中单片机主要工作为读取停车场车辆和车辆数目等相关数值，进行停车费用的计算，并根据所读取的数值的大小判断来车是否可以进入停车场停车，如果车辆允许进入停车场，则控制继电器升起栏杆。系统的整体原理框图如图 6 - 32 所示。

2. 多台车辆同时进入模式处理流程图

当有多台车同时停入多个车位，此时 RFID 阅读器无法识别某台车进入某个特定的车位。出现这种情况，将多台车和被占用的多个车位作为一组，进行组绑定。当其中某一台车离开时，可以通过地磁感应器和 RFID 共同识别唯一的车位和车辆 ID，正确完成其计时计

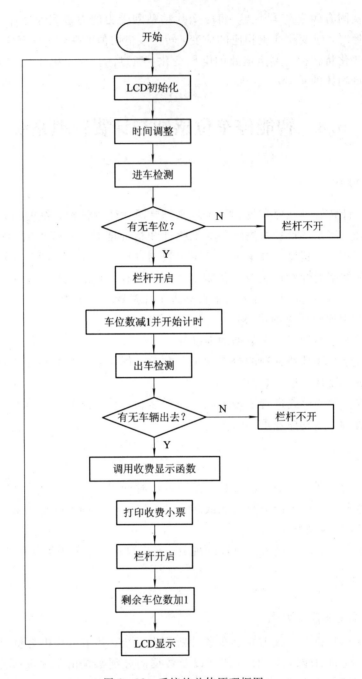

图 6 - 32 系统的总体原理框图

费，以及识别其车位空出状态，同时，从其所在组绑定中去掉该车位和车辆 ID 号。当本组中再有车辆离开时进行相同处理，直到最后只剩一台车和一个车位，即可转化为一对一绑定，撤销本组绑定，实现了多台车辆同时进入时准确进行车辆信息管理与计费的功能。该系统可以对开放式停车场进行智能车位感应，实现自动精准计时计费。主程序流程如图 6 - 33 所示。

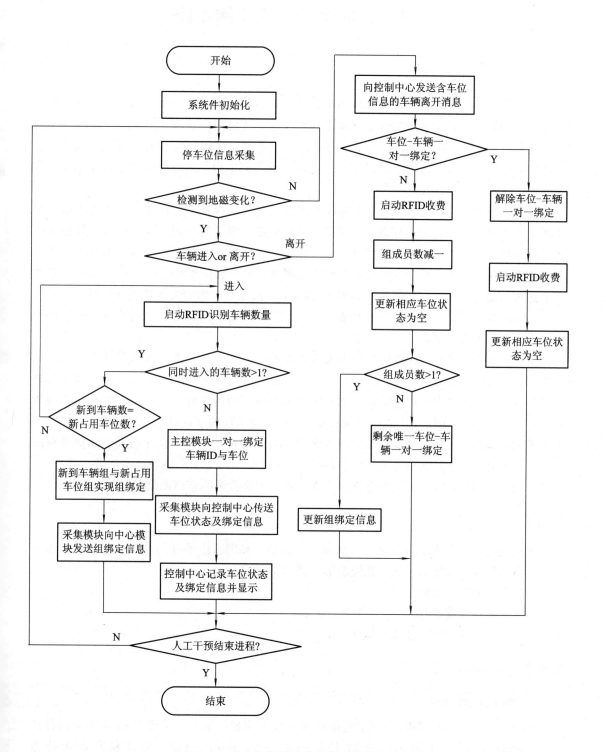

图 6-33　多台车辆同时进入模式主程序流程图

6.9　智能水质在线监测系统

6.9.1　项目概述

水质监测是对不同环境下的水质情况，例如生活污水、工业废水、重工业排污等，利用科技方法和先进仪器对水质进行定量和定性的评估，做出相应处理，对身边的水质情况有全方位的掌握，能够在水质污染之前防患未然。水质监测是保护水质整体环境的根本，也是抵制人们盲目用水和污染水质的手段。通过水质监测手段，预测该区域的污染趋势，合理开发、管理该区域的水质。

现实生活中，我国仍然有着很多边远山区的人们无法保证正常用水，或者每次用水都需要徒步走上几个小时的路程取水。可见，存在水资源缺乏的问题。但水质的污染在我国乃至全世界都面临着非常严峻的挑战。为了克服这一全球性的问题，我国也颁布了一系列法制政策来规范人们的行为，同时也为水质监测出台了一套合理的规范。如《中华人民共和国水法》《国家标准地下水环境质量标准》。当然，我国水质监测的法令法规不仅这些，但从这些法令法规中可以看出，国家对水质保护的政策和决心，同时也告诫每个人，水质保护是每个人应该遵守的法律。

由于水质要求不同，在检测过程中大多数以水温、浊度、pH 值、含氧量等参数作为检测指标，对水质进行测量。水温、浊度、pH 值、含氧量均在不同层面上反映出了水质最真实的情况。水温是水质的物理特性，能够影响水中微生物的发育繁殖，同时对其他检测指标也有一定的影响。pH 值代表水的酸碱度，它能直观地反映水的酸碱程度，适合人体饮用的水质有明确的 pH 值要求；浊度是水质的透明度，反映了水体中悬浮物和胶体等微粒的含量；而含氧量的不同直接关乎水质中各种微生物生存环境，从侧面验证水质的真实环境。因此可以得出结论，水质监测中有许多方面的指标因素会影响整体测量的结果。

6.9.2　需求分析

通过无线传播技术，利用浊度传感器实时监测，实现水中浊度的监测，同时在液晶屏上实时显示水质的浊度百分比。系统能够达到以下要求：

(1) 实现监测水质浊度；

(2) 实现对水质浊度的采集、发送、显示；

(3) 保证监测的实时性和准确性。

6.9.3　系统设计

1. NRF24L01 模块

NRF24L01 是 NORDIC 公司最近生产的一款无线通信芯片，采用 FSK 调制，内部集成 NORDIC 公司自主知识产权的 Enhanced Short Burst 协议。接收和发送都是用 NRF24L01 来进行的。NRF24L01 单片机有三种工作模式，分别为收发模式、空闲模式和关机模式，三种模式共同运作完成水质监测。

在收发模式下，使用片内的先入先出堆栈区，数据低速从微控制器送入，但高速（1 Mb/s）发射，这样可以尽量节能。因此，使用低速的微控制器也能得到很高的射频数据发射速率。与射频协议相关的所有高速信号处理都在片内进行，这种做法有三大好处：尽量节能、低的系统费用（低速微处理器也能进行高速射频发射）及数据在空中停留时间短。此外，还减小了整个系统的平均工作电流。

NRF24L01 的空闲模式是为了减小平均工作电流而设计的，其最大的优点是实现节能的同时，缩短芯片的启动时间。在空闲模式下，部分片内晶振仍在工作，此时的工作电流跟外部晶振的频率有关。

而在关机模式中，一般要求达到 900 nA 左右的最小工作电流。关机模式下，配置的内容也会被保持在 NRF2401 片内，这是该模式与断电状态最大的区别。

2. 浊度检测模块

采用浊度传感器检测水质浊度，当光线穿过一定量的水时，光线的穿透量取决于该水中脏污物的量。当脏污物的量增加时，穿透水样的光线随之减少。浊度传感器测量透过的光线量来计算水的浊度，浊度传感器将这些测量值数据提供给发送模板，发送端接收到数据后再发送给接收端，接收端对接收数据进行汇总后在液晶屏上显示出结果。浊度传感器如图 6-34 所示，性能表如表 6-11 所示。

图 6-34　浊度传感器

表 6-11　浊度传感器性能表

操作温度范围	−30℃～80℃
储存温度范围	−10℃～80℃
额定电压	DC 5V
额定电流	最大 30 mA
绝缘电阻	最小 100 MΩ(500 V DC)
应用范围	检测水的浊度

6.10　基于射频识别技术的仓库管理系统

6.10.1　项目概述

　　现代大型综合仓库所服务的货物种类和数量繁多而且管理需求更是多种多样，货物的出库、入库频率和流通周转速度每天都在迅速增长。现在市场上的仓库管理系统大多采用条码，智能化程度比以前有了较大的提高，但仍旧需要耗费大量的人力、物力、财力。传统的多种定位技术，诸如条码技术和其他手段已经不能有效地满足仓储自动化、效能化、快捷化的发展要求，迫切需要引进新的技术，其中比较重要的问题是大型仓储仓库内的货架货物放置区的位置和货物信息的寻址寻源。如果将 RFID 技术与条码系统相结合，可以增加单位时间内处理货物的数量，并有效实现与仓库及货物流动有关的信息管理，还可以查看这些货物的一切流动信息等，有效解决传统仓库存储系统出现的问题。

6.10.2　需求分析

1. 系统目标

　　目前我国大部分生产制造业的仓库管理系统都已经实现了电子信息化，但基于 RFID 的仓库管理还相对滞后。基于物联网 RFID 等技术的仓库信息管理手段，已经逐渐开始被企业重视。结合目前的实际需求和数据分析，本项目把 RFID 技术应用到实际的仓库管理系统。基于射频识别技术的仓库管理系统不仅能够处理货物的入库、出库和库存管理，还可以有效地监测货物的所有信息。系统有效地节省了人工成本，同时在保证工作精确性的前提下，还能确保产品质量，加快处理速度。

2. 系统功能需求

　　(1) 存货节余。基于 RFID 技术的仓库管理系统能够有效地降低存储货物时的出错率，提高有效性。通过使用该系统可以准确追踪商品，实时掌握商品的运送信息。一个企业如果能清楚地掌握产品销售的历史情况，就能大大提高存货预测的准确性。

　　(2) 一般情况下，对普通的零售商来说，在运营费用中库存和销售成本占 2%～4%。若利用阅读器来读取物品、容器，就可以代替繁琐耗时的人工作业，使得销售人员的数量减少 30% 以上，即降低了销售和库存方面的成本。

　　(3) 结合该系统管理存储仓库，能减少被偷窃丢失情况的发生。商品被偷窃或丢失，全球每年造成的损失高达 300 亿多美元，据保守估计占到全部销售额的 1.5%。采用 RFID 技术，可以通过仓库的中心系统直接实时追踪查看商品信息，监测某件商品在某个时刻所处的具体位置，可大幅降低出货运送时丢失的概率。目前，RFID 技术已经在少部分商店中得到了成功的应用，其尤其适用于价格昂贵或具有较高利润的商品。

6.10.3　系统设计

1. RFID 仓库管理系统组成

　　仓库管理系统的整体设计思路是，采用 S50 非接触式 IC 卡、MFRC522 非接触式阅读器等作为硬件基础，可实时更新管理系统的记录。所有设备均通过无线局域网在仓库的内部实现互联，能够快速识别物品信息，其基本工作模型如图 6 - 35 所示。

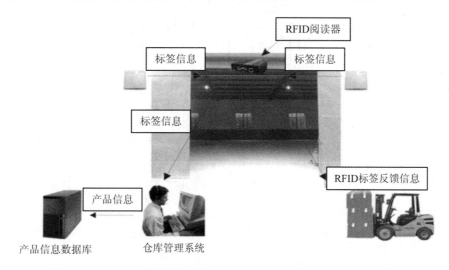

图 6 - 35 RFID 基本工作模型

2. RFID 仓库管理系统工作原理

系统可以进行仓库管理和物资监测，其中仓库管理系统主要负责接受出库、入库任务。在出入库过程中，采用 RFID 技术的 IC 卡通过读写设备获取出入库货物信息。

在货物所出入的仓库门上设置天线和阅读器，且每个货物集装箱上都粘贴 RFID 标签，将所有标签信息以及被标签粘贴的货物的信息都存储到仓库的中心计算机内，当仓库进行出入库作业时，就可以通过仓库门上的阅读器和天线将货物的出入库信息直接传送到计算机上，管理中心可以清楚地获取记录显示，管理人员可以实时掌握货物的情况，同时也可以对货物进行跟踪管理。

货物定位时，当物品进出仓库中的某个区域时会经过设置在该位置上的阅读器，阅读器记录下此物品的信息，进行某些逻辑判断后判断出物品是出库还是进库。然后传送到中心计算机，计算机接收到进出的标识，对数据库进行修改。如果是入库则在记录中增加一条，如果是出库则删除并记录下操作过程。这样可以实现仓库物资的实际位置与主机数据库信息的一一对应，为管理人员进行查询、点验、寻找物资带来了很大的方便。

货物出入库登记是仓库管理中的重要环节，在大型仓库中，物品的种类和数量很多，进行盘点的相关工作量很大，还非常容易出错，可能造成企业财产的损失。本系统可以采用人工检查和自动化办公双重管理。出入库管理子系统的工作流程如图 6 - 36 所示。该系统的优点是物资出入库与数据库的添加和删除同步，并最终生成报表，很大程度上减少了管理人员工作量。需要说明的是，该系统中通过装配 2 个红外线接收器来判断是入库操作还是出库操作。

3. 仓库管理系统主要功能模块设计

RFID 技术的仓库管理系统的功能架构如图 6 - 37 所示，主要功能说明如下：

（1）入库管理，可以实现货物的入库操作，能够完成入库单据的自动录入、删除、

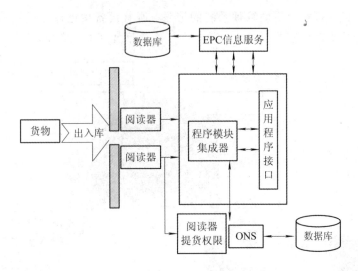

图 6-36 出入库管理子系统的工作流程

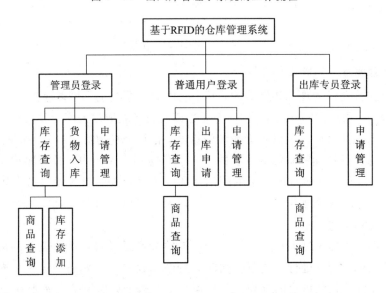

图 6-37 仓库管理系统的功能架构

修改等。

（2）出库管理，可以实现货物的出库操作，能够完成出库单据的自动录入、删除、修改等。

（3）查询及报表，仓库管理人员通过查询报表功能实现货物状态、货物单据、任务执行情况等的查询。

（4）RFID 阅读器设备，主要用于扫描标签或者读取 IC 卡信息，可实现非接触式读取功能。

4. RFID 标签数据采集模块的设计

不同频率、不同通信协议的标签芯片的功能和性能各不相同，但标签芯片的系统架构和基本组成部分大体相同，如图 6-38 所示。从图 6-38 可以看出，标签芯片主要包括射频前端、模拟前端、数字基带和存储单元四个部分。标签天线与标签芯片的射频前端连接，标签天线可以制作为片外或者片上天线。如果是片上天线，标签芯片除了包含上述四个部分外，还包括片上天线。

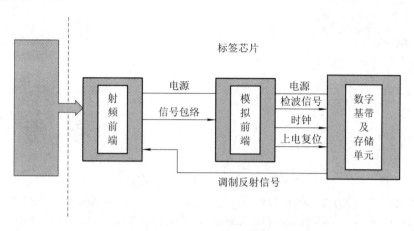

图 6-38　RFID 标签数据采集模块

标签芯片射频前端的主要功能包括把由标签天线端输入的射频信号整流为提供标签工作的直流能量，同时对射频输入的 AM 调制信号进行包络检波，得到所需信号包络，供给后级模拟前端的比较电路工作时使用；完成电磁反向散射调制。

IC 卡是从磁卡发展而来的，按其所配置的芯片不同而分成存储卡、逻辑加密卡和智能卡三种类型。从使用角度出发，IC 卡至少应存储对应仓库货物的基本信息以及相关的可修改数据，而且平时无法由外界供电，只有在通信或与阅读器设备接触时才能取得电源，这就决定了 IC 卡中的存储器不能是只读存储器 ROM 和易失性的随机存储器 RAM，而只能采用可擦除、可编程的只读存储器 EEPROM。

参 考 文 献

[1] WANG Z L, ZHANG T, FAN L Y, et al. Dynamic frame-slotted Aloha anti-collision algorithm in RFID based on non-linear estimation[J]. International Journal of Electronics, 2019, 106(11): 1769 -1783.

[2] WANG Z L, HUANG S Q, FAN L Y, et al. Adaptive and dynamic RFID tag anti-collision based on secant iteration[J]. PloS One, 2018, 13(12).

[3] WANG Z L. Application of RFID in the area of agricultural products quality traceability and tracking and the anti-collision algorithm[C]. Proceedings of the Spie, 2017.

[4] WANG Z L, ZHANG T. Vaccine Quality Traceability Management System Based on RFID[C]. Institute of Management Science and Industrial Engineering. Proceedings of 2018 8th International Conference on Education, Management, Computer and Society (EMCS 2018). Institute of Management Science and Industrial Engineering: (Computer Science and Electronic Technology International Society), 2018: 601 - 603.

[5] WANG Z L, ZHANG T, YIN Y. Design of Intelligent Parking Lot Based on Radio Frequency Identification[C]. 2016 6th International Conference on Management, Education, Information and Control. 2016: 1053 - 1057.

[6] WANG Z L, YU H T, CAO C G, ZHANG T. Application of Internet of Things Technology in Intelligent Orchard[C]. Journal of Physics: Conference Series(ICAIIT 2020). 2020: 1533 - 1537.

[7] 王祖良, 郭建新, 张婷, 等. 农产品质量溯源 RFID 标签批量识别[J]. 农业工程学报, 2020, 36(10): 150 - 157.

[8] 田川, 叶晓俊, 王祖良, 李鑫. 血液管理 RFID 多标签识别碰撞避免方法[J]. 清华大学学报: 自然科学版, 2017, 57(11): 1121 - 1126.

[9] 王祖良, 张婷, 李旭, 郑林华. 基于 EPC_C1G2 的智能停车场设计与实现[J]. 测控技术, 2017, 36 (04): 53 - 56.

[10] 王祖良. 一种基于弦截迭代的射频识别标签防碰撞方法[P]. 发明专利, CN106599751B, 授权时间: 2019 - 11 - 29.

[11] 王祖良, 张婷, 王子超, 等. 一种射频识别二次预分配时隙标签防碰撞方法[P]. 发明专利, CN106446741B, 授权时间: 2019 - 06 - 04.

[12] 王祖良, 黄文准, 张婷. 基于线性插值的射频识别防碰撞标签数估计方法[P]. 发明专利, CN106682549B, 授权时间: 2019 - 04 - 12.

[13] 王祖良, 张婷, 曹闯乐. 果园遥感信息监测系统[P]. CN208969009U, 实用新型, 授权时间: 2019 - 06 - 11.

[14] 王祖良, 曹闯乐. 基于大数据的猕猴桃质量监管系统[P]. CN208969720U, 实用新型, 授权时间:

2019 - 06 - 11.

[15] 王祖良，黄世奇，张婷. 一种农产品育种溯源防伪管理系统[P]. CN207164818 U，实用新型，授权时间：2018 - 03 - 30.

[16] 王祖良，赵乾坤. 一种基于射频识别＋Zigbee 的蔬菜跟踪系统[P]. CN206601736U，实用新型，授权时间：2017 - 10 - 31.

[17] 王祖良，张婷，亢蕊，等. 一种基于 RFID 的快递分拣装置[P]. CN206464262U，实用新型，授权时间：2017 - 09 - 05.

[18] 王祖良，张婷，姜杰，等. 基于射频识别的幼儿园管理系统[P]. CN205983751U，实用新型，授权时间：2017 - 02 - 22.

[19] 王祖良，张婷，吉新芸，等. 一种基于 RFID 的课堂考勤系统[P]. CN205680138U，实用新型，授权时间：2016 - 11 - 09.

[20] 张婷，王祖良. 一种水果质量跟踪追溯管理系统[P]. CN207704468U，2018 - 08 - 07.

[21] 张婷，王祖良，师韵，等. 基于 RFID 的校园超市结账系统[P]. CN206133675U，2017 - 04 - 26.

[22] FLOERKEMEIER C. Bayesian transmission strategy for framed Aloha based RFID protocols[C]. In：Proceedings of the IEEE International Conference on RFID, 2007：228 - 235.

[23] FELEMBAN E. Performance analysis of RFID framed slotted Aloha anti-collision protocol [J]. Journal of Computer and Communications，2014, 2：13 - 18.

[24] ZHU L，YUMT S P. A critical survey and analysis of RFID anti-collision mechanisms[J]. Communications Magazine, 2011，49(5)：214 - 221.

[25] CHUNGI H，YEN M C. An exact combinatorial analysis for the performance evaluation of framed slotted Aloha systems with diversity transmission over erasable wireless channels[J]. Wireless Personal Communications, 2013：1 - 30.

[26] PRODANOFF Z G. Optimal frame size analysis for framed slotted Aloha based RFID networks[J]. Computer Communications, 2010，33(5)：648 - 653

[27] ZHU L，YUM T S P. Optimal framed Aloha based anti-collision algorithms for RFID systems. IEEE Transactions on Communications, 2010，58(12)：3583 - 3592.

[28] 徐圆圆，曾隽芳，陈琳，刘禹. EPC Gen2 标准防碰撞方案的研究与改进[J]. 计算机应用, 2008，12：3271 - 3273.

[29] CHEN Y H，FENG Q Y，ZHENG M，TAO L. Multiple-Bits-Slot Reservation Aloha Protocol for Tag Recognition. IEEE Transactions on Consumer Electronics, 2013，59 (1)：93 - 100.

[30] 张小红，胡应梦. 分组自适应分配时隙的 RFID 防碰撞算法研究[J]. 电子学报, 2016，06：1328 - 1335.

[31] LUCA B，FLAMINIO B，MATTEO C. A Formal Proof of the Optimal Frame Setting for Dynamic-Frame Aloha With Known Population Size[J]. IEEE Transactions on Information Theory, 2014，60 (11).

[32] CHEN Y H，FENG Q Y，ZHENG M T. Multiple-Bits-Slot reservation Aloha protocol for tag recognition[J]. IEEE Transactions on Consumer Electronics, February 2013，59(1)：93 - 100 .

[33] WIESELTHIER J. E，EPHREMIDES A，MICHAEL L A. An exact analysis and performance evaluation of framed Aloha with Capture[J]. IEEE Transactions on Communications, 1989，37：125 - 137.

[34] CHEN W T. A feasible and easy-to-implement anti-collision algorithm for the EPC global UHF Class-1 Generation-2 RFID protocol [J]. IEEE Transactions on Automation Science and Engineering, 2014，11(2)：485 - 491.

[35] SCHOUTE F C. Dynamic Frame Length Aloha[J]. IEEE Transactions on Communications, 1983, 31(4): 565 – 568.

[36] VOGT H. Efficient object identification with passive RFID tags[C]. Proceedings of the 1th International Conference on Pervasive. Zurich, Switzerland, 2002: 98 – 113.

[37] FLOERKEMEIER C, WILLE M. Comparison of transmission schemes for framed Aloha based RFID protocols[C]. Proceedings of International Symposium on Applications on Internet Workshops, Phoenix, AZ, USA, 2006: 94 – 97.

[38] HAIFENG W, YU Z. Bayesian Tag Estimate and Optimal Frame Length for Anti-Collision Aloha RFID System[J]. IEEE Transactions on Automation Science and Engineering, 2010, 7(4): 963 –969.

[39] CHEN W T . An accurate tag estimate method for improving the performance of an RFID anti-collision algorithm based on dynamic frame length Aloha[J]. IEEE Transactions on Automation Science and Engineering, 2009, 6(1): 9 – 15.

[40] PETER S C, JOSKO R C, NIKOLA R C. Energy efficient tag estimation method for Aloha-based RFID systems[J], IEEE Sensors Journal, 2014, 14(10): 3637 – 3647.

[41] EOM J B, LEE T J. Accurate tag estimation for dynamic framed-slotted Aloha in RFID systems [J] . IEEE Communications Letters, 2010, 14(1): 60 – 62.

[42] WALDROP J , ENGELS D, SARMA S E. Colorwave. An anticollision algorithm for the reader collision problem[J]. in: IEEE Wireless Communications and Networking Conference, March, 2003: 1206 – 1210.

[43] LEES R , LEE C W . An Enhanced Colorwave Reader Anti-collision in RFID System[J]. The 21 st International Technical Conference on Circuits/Systems [J]. Computers and Com-munications, Chiang Mai, Thailand, 2006: 145 – 148.

[44] KWANG C S, SEUNG B P, GEUN S J. Enhanced TDMA based Anti-collision Algorithm with a Dynamic Frame Size Adjustment Strategy for Mobile RFID Readers [J]. Sensors, 2009, 9 (2): 845 – 858.

[45] JUN B E, SOON B Y, TAE J L. An Efficient Reader Anti-collision Algorithm in Dense RFID Networks With Mobile RFID Readers[J]. IEEE Transactions on Industrial Electronics, 2009, 56 (7): 2326 – 2336.

[46] ETSI. EN 302 208 – 2 Protocol, Version 1. 1. 1, 2004.

[47] QUAN C, CHOI J, CHOI G, LEE C. The slotted-LBT: a RFID Reader Medium Access Scheme in Dense Reader Environments [J]. Proceedings of IEEE RFID, Las Vegas, NV, USA, 2008: 207 – 214.

[48] BIRAR S M , LYER S. PULSE. A MAC Protocol for RFID Networks. Proceedings of 1st International Workshop on RFID and Ubiquitous Sensor Networks[J], Nagasaki, Japan, 2005: 1036 – 1046.

[49] YU J. , LEE W. GENTLE. Reducing Reader Collision in Mobile RFID Networks[J]. Proceedings of the 4th International Conference on Mobile Ad-hoc and Sensor Networks, Wuhan, China, 2008: 280 – 287.

[50] KWANG C S, WONIL S. RAC-Multi: Reader Anti-Collision Algorithm for Multichannel Mobile RFID Networks[J]. Sensors, 2010, 10(1): 84 – 96.

[51] KWANG I H, SANG S Y, JONG H P. DiCA: Distributed Tag Access with Collision-Avoidance Among Mobile RFID Readers [J]. International Conference on Computational Science and Engineering, Vancouver, BC, 2009: 621 – 626.

[52]　DAI HONGYUE，LAI S L，ZHU H L. A Multi-Channel MAC Protocol for RFID Reader Networks
　　　[J]. International Conference on Wireless Communications，Networking and Mobile Computing，
　　　Shanghai，China，2007：2093 - 2096.

[53]　HYUNSIN S，CHAEWOO L. A New GA-based Resource Allocation Scheme for a Reader-to-reader
　　　Interference Problem in RFID Systems[J]. IEEE International Conference on Communications，Cape
　　　Town，South Africa，2010：1 - 5.

[54]　庞宇，彭琦，林金朝，等. 基于分组动态帧时隙的射频识别防碰撞算法[J]. 物理学报，2013，14：
　　　496 - 503.

[55]　ZHEN B，KOBAYASHI M ，SHIMIZU M. Framed Aloha for Multiple RFID Objects Identification
　　　[J]. IEICE Transactions on Communications，2005，E88 - B：991 - 999.

[56]　YOUNG B K. On the optimal configuration of framed slotted Aloha[J]. EURASIP Journal on
　　　Wireless Communications and Networking 2016：202.

[57]　黄玉兰. 物联网射频识别(RFID)核心技术详解[M]. 北京：人民邮电出版社，2012.

[58]　王帅. 射频识别系统资源优化与算法研究[D]. 北京：北京邮电大学，2013.

[59]　陈毅红. 动态环境下 RFID 标签防碰撞协议研究和 RFID 应用[D]. 西南交通大学，2015.